目　录

项目7　Word 2016 文档制作与排版　1

任务 7.1　认识 Word 2016　3
- 活动 1　Word 2016 的启动与退出　3
- 活动 2　Word 2016 的工作界面　5

任务 7.2　制作通知文档　15
- 活动 1　创建新文档　16
- 活动 2　输入和编辑文本　16
- 活动 3　设置字体　18
- 活动 4　设置段落　20
- 活动 5　保存和关闭文档　21

任务 7.3　制作公司宣传简报　31
- 活动 1　插入并编辑艺术字　32
- 活动 2　插入并编辑文本框　34
- 活动 3　插入并编辑图片　35
- 活动 4　插入并编辑图形　39
- 活动 5　设置页面背景　41
- 活动 6　设置页眉和页脚　43

任务 7.4　制作推荐入党积极分子登记表　51
- 活动 1　创建表格　52
- 活动 2　编辑表格　53
- 活动 3　设置表格格式　56

任务 7.5　长文档排版　67
- 活动 1　应用样式　67
- 活动 2　设置分隔符　69
- 活动 3　插入自动目录　70
- 活动 4　设置封面　71

任务 7.6　批量制作录取通知书　77
- 活动 1　邮件合并　77
- 活动 2　页面设置　77
- 活动 3　文档打印　79

项目 8　电子表格制作与数据处理　85
任务 8.1　制作学生党员志愿者情况登记表　87
　　活动 1　新建 Excel 工作簿　87
　　活动 2　输入工作表数据　88
　　活动 3　编辑单元格数据　90
　　活动 4　行列的操作　91
　　活动 5　工作表标签操作　92
任务 8.2　修饰学生党员志愿者情况登记表　97
　　活动 1　设置单元格格式　97
　　活动 2　设置列宽和行高　100
　　活动 3　应用样式　101
任务 8.3　学生党员志愿者成绩计算与统计　109
　　活动 1　使用公式计算数据　109
　　活动 2　单元格引用　111
　　活动 3　使用函数计算数据　112
任务 8.4　商品销售数据整理与分析　119
　　活动 1　数据的排序　119
　　活动 2　数据的筛选　120
　　活动 3　数据的分类汇总　122
　　活动 4　数据的合并计算　123
　　活动 5　制作并美化图表　125

项目 9　演示文稿制作与放映　135
任务 9.1　演示文稿的编辑与格式化　137
　　活动 1　PowerPoint 2016 简介　137
　　活动 2　演示文稿的基本操作　139
　　活动 3　幻灯片的基本操作　142
　　活动 4　演示文稿的编辑与格式化　144
任务 9.2　演示文稿的美化　151
　　活动 1　设置幻灯片母版　151
　　活动 2　设置幻灯片主题　153
　　活动 3　设置幻灯片背景　154
　　活动 4　使用幻灯片对象　155
任务 9.3　演示文稿动画效果的设置　169
　　活动 1　设置动画效果　169
　　活动 2　设置切换效果　172
　　活动 3　设置超链接　173
任务 9.4　演示文稿的放映　177
　　活动 1　放映幻灯片　177
　　活动 2　打包和打印演示文稿　181

项目 7

Word 2016 文档制作与排版

项目引导

Word 2016 是美国微软公司开发的文字处理软件。人们在日常生活与工作中，经常使用 Word 2016 软件进行文档编辑与排版。熟练掌握 Word 2016，有助于提升个人的办公能力，提升工作效率，从而节省出更多的工作时间。

项目 7 利用 Word 2016 撰写通知文档，制作公司宣传简报、统计分析图表、长文档排版、录取通知书等实例，详细地介绍了创建文档、简单排版、图文混排、表格制作、长文档排版、邮件合并的知识与技能。

熟练掌握常用文字处理软件 Word 2016，最终成为 Word 高手，在工作中取得事半功倍的效果。

知识目标

- 了解文档的创建方法
- 掌握文档内容的编辑方法
- 掌握文档格式的编辑方法
- 掌握图文混排的方法
- 掌握表格制作的方法
- 掌握长文档的编排方法
- 掌握邮件合并的方法

技能目标

- 会制作简单的文档
- 会对文档内容进行编辑修改
- 能完成文档格式的基本编排
- 能对文档进行美化
- 能提高文档的编辑效率
- 能完成文档打印

项目 7　Word 2016 文档制作与排版

任务 7.1　认识 Word 2016

任务描述

Word 2016 是 Microsoft 公司 Office 2016 系列办公软件的组件之一，是目前最常用的一款文字处理软件。人们广泛使用 Word 软件撰写书信、公文、报告、论文、合同等文档。Word 2016 界面友好、操作简便、功能强大，具有文字编辑、表格制作、图文混排、文档打印等功能。熟练掌握 Word 2016 软件，能够便捷地制作出图文并茂、形式丰富的高质量文档。

本任务中，我们来认识 Word 2016 的工作环境及窗口组成，根据用户自己的需要个性化定制工作环境。

任务分析

启动 Word 2016，认识 Word 2016 的工作环境和窗口组成元素，并进行几种常用的窗口设置操作，以便使 Word 2016 窗口更符合自己的使用习惯。

知识指导

活动 1　Word 2016 的启动与退出

1. 启动 Word 2016

启动 Word 2016 的 5 种常用方法如下。

（1）单击"开始"→"Word 2016"选项。如图 7-1 所示。

（2）双击桌面上的 Word 2016 的快捷图标。

（3）打开现有的 Word 文档。

（4）在桌面空白处右击，在快捷菜单中单击"新建"→"Microsoft Word 文档"选项，然后，双击打开新建的 Word 文档。如图 7-2 所示。

图 7-1　启动 Word 2016

（5）打开"运行"对话框，输入"winword"，单击"确定"按钮，即可启动 Word 2016。如图 7-3 所示。

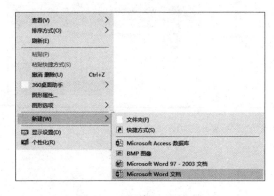

图 7-2　新建 Word 文档

图 7-3　启动 Word 2016

☞ **技巧**

选择文档的打开方式：如果电脑上安装了 Microsoft Word 与 WPS Office 两个应用程序，当双击文档图标时，默认启动了 WPS Office 程序。如果要用 Word 打开，可以在文件图标上右击，然后选择"打开方式"为"Word 2016"，如图 7-4 所示。

有时在选择用 Word 2016 打开文档时，会出现如图 7-5 所示的提示。设置 Word 为查看和编辑文档的默认程序的方法是：右击文档图标，在弹出的快捷菜单中，选择"属性"命令，在弹出的对话框中打开"常规"选项卡，单击"更改"按钮，最后选择"Word 2016"，并单击"确定"按钮，如图 7-6 所示。这样，今后双击文档图标时，会自动选用 Word 2016 程序打开文档。

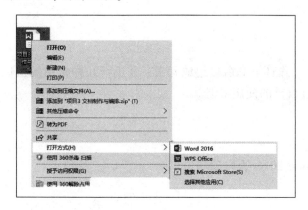

图 7-4 选择"打开方式"　　　　　图 7-5 提示信息

图 7-6 设置文档打开方式为 Word 2016

2. 退出 Word 2016

退出 Word 2016 有 4 种常用方法。

(1) 单击 Word 2016 窗口右上角的"关闭"按钮。
(2) 右击文档窗口顶部标题栏,单击快捷菜单中的"关闭"命令。
(3) 单击要退出的 Word 文档窗口,按 Alt + F4 组合键。
(4) 单击"文件"→"关闭"命令。

活动 2　Word 2016 的工作界面

启动 Word 2016,单击"空白文档",可以看到"文档1"的 Word 2016 工作窗口。窗口顶部由标题栏、快速访问工具栏、功能区、文档编辑区、状态栏、视图栏组成。

1. 标题栏

标题栏位于窗口顶端,显示 Word 文档名称、应用软件的名称。拖动标题栏可以移动 Word 窗口。如图 7 - 7 所示。

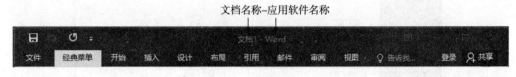

图 7 - 7　标题栏

2. 快速访问工具栏

快速访问工具栏位于窗口左上角,它包含一组独立于当前所显示的选项卡的命令,在默认状态下,快速工具栏中包含"保存""撤销"和"重复"3 个快捷按钮。这是一个可以自定义的工具栏,单击其右侧的 ▼ 按钮,将出现自定义快速访问工具栏下拉菜单,如图 7 - 8

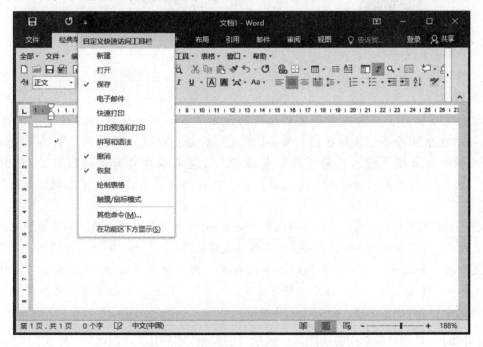

图 7 - 8　快速访问工具栏下拉菜单

所示,其中前面有"√"的表示该选项命令按钮已经被添加到快速访问工具栏,否则表示未被添加。

3. 功能区

功能区由"文件""经典菜单""开始""插入""设计""布局""引用""邮件""审阅""视图"等10个选项卡构成。单击选项卡名称可以切换到相应的功能区面板,每个功能区又分为若干个组,如"剪贴板""字体"组等,组中含有命令按钮。部分组的右下角有"功能扩展"按钮 ,单击后可以打开相应的对话框。部分选项卡功能区介绍如下。

【文件】:单击Word窗口左上角的"文件"按钮,将显示"文件"选项卡视图,如图7-9所示。其中有"信息""新建""打开""保存""另存为""打印""共享""导出""关闭""账户""选项"等命令。

图7-9 打开"文件"选项卡

☞ **技巧**

文件自动保存:为防止辛辛苦苦编辑的文本丢失,可以进行如下设置。单击"文件"→"选项"命令,在弹出的"Word选项"对话框中选择左侧的"保存"选项卡,选中"保存自动恢复信息时间间隔"复选框,设置自动保存时间间隔(1~120分)。之后,选中"如果我没保存就关闭,请保留上次自动保留的版本"复选框。如图7-10所示。

将字体嵌入文件:有时,我们会将编辑好的Word文件发给其他人员。如果他的电脑上没有安装该文件中所用到的字体,就会发生字体格式错乱的情况。为了解决这个问题,只需做如下设置即可。先设置"共享该文档时保留保真度"为"所有新文档";再单击"文件"→"选项"→"保存"选项卡,选中"将字体嵌入文件""仅嵌入文档中使用的字符(适于减小文件大小)"两个复选框。如图7-10所示。

【开始】:是用户最常用的功能区,包括"剪贴板""字体""段落""样式""编辑"5个组,能够对Word 2016文档进行文字编辑和格式设置。如图7-11所示。

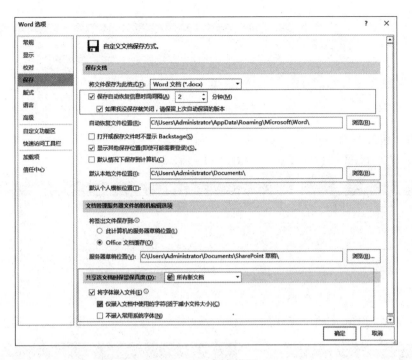

图 7-10 保存设置

图 7-11 "开始"选项卡

☞ **技巧**

隐藏功能区：单击选项卡右侧的折叠按钮 ︿，这时窗口仅显示选项卡名称，而组和命令按钮隐藏起来，这样可以扩大窗口的文档编辑区。

显示功能区：方法一是单击任一选项卡名称（如"开始"），再单击功能区右下角的固定功能区按钮 ━┤。方法二是直接按 Ctrl + F1 组合键。

【**插入**】：包括"页面""表格""插图""加载项""媒体""链接""批注""页眉和页脚""文本""符号"等多个组，能够在 Word 2016 文档中插入各种元素。如图 7-12 所示。

图 7-12 "插入"选项卡

【**设计**】：包括"文档格式"和"页面背景"两个分组，主要功能有设置主题、水印、页面颜色、页面边框等命令。如图 7-13 所示。

图 7-13 "设计"选项卡

【布局】：包括"页面设置""稿纸""段落""排列""主题""页面背景"等 6 个组，用于设置 Word 2016 文档页面样式。如图 7-14 所示。

图 7-14 "布局"选项卡

【引用】：包括"目录""脚注""引文与书目""题注""索引""引文目录"等 6 个组，能够在 Word 2016 文档中实现插入目录、脚注等高级功能。如图 7-15 所示。

图 7-15 "引用"选项卡

【邮件】：包括"创建""开始邮件合并""编写和插入域""预览结果""完成"等 5 个组，专门用于在 Word 2016 文档中进行邮件合并。如图 7-16 所示。

图 7-16 "邮件"选项卡

【审阅】：包括"校对""见解""语言""中文简繁转换""批注""修订""更改""比较""保护""OneNote"等 10 个组，主要用于对 Word 2016 文档进行校对和修订等操作，可以实现多人协作处理较长文档。如图 7-17 所示。

图 7-17 "审阅"选项卡

【视图】：功能包括"视图""显示""显示比例""窗口""宏"等 5 个组，主要用于设置视图类型，方便用户操作。如图 7-18 所示。

项目 7　Word 2016 文档制作与排版

图 7-18　"视图"选项卡

4. 文档编辑区

窗口中的空白区域是文档编辑区，闪烁的竖线是当前插入点，用于指示编辑文本或插入其他元素的位置。如图 7-19 所示。

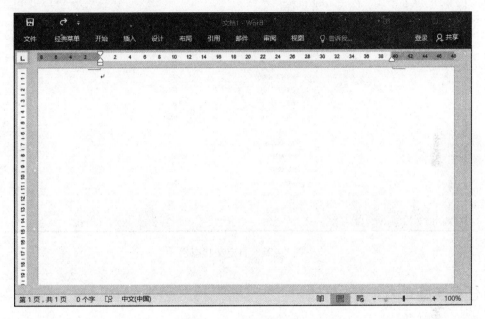

图 7-19　空白编辑区

☞**技巧**

双击输入：编辑区的任意位置双击，可以迅速确定光标位置，从而实现双击输入。

5. 状态栏和视图栏

在窗口底部是状态栏和视图栏，如图 7-20 所示。位于左侧的状态栏用于显示文档的页数、字数等信息，右侧的视图栏用于切换文档的视图模式、调整文档显示比例。视图栏中包含阅读视图、页面视图、Web 版式视图等 3 个按钮。如需切换文档视图模式，直接单击相应的按钮即可。通过拖动显示比例的滑块，或单击"-""+"按钮可以调整当前文档的显示比例。

图 7-20　左侧的状态栏与右侧的视图栏

☞ **技巧**

快速调整显示比例：按住 Ctrl 键，向前或向后滚动鼠标滑轮可以快速放大或缩小显示比例。

自定义状态栏：在状态栏上单击鼠标右键，在弹出的快捷菜单中选择所需选项，可以自定义状态栏中显示的信息。如图 7-21 所示。

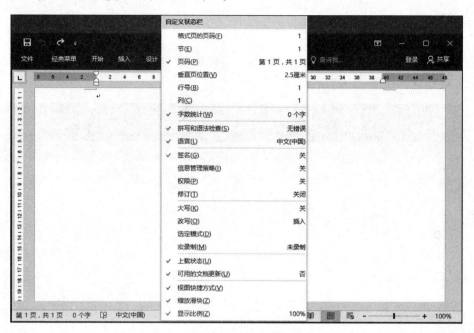

图 7-21　自定义状态栏

任务实施

实训任务 1　使用"自定义功能区"命令，按照自己的操作习惯来定制个性化的工作环境。

任务要求：

（1）新建"空白文档"。

（2）新建"我的选项卡"。

（3）新建"文件组"，添加"新建空白文档""保存""另存为"命令。

（4）新建"文本组"，添加"插入符号"命令。

（5）新建"图片组"，添加"插入图片"命令。

（6）新建"表格组"，添加"插入表格"命令。

操作步骤：

步骤 1：按 Windows + R 组合键，输入"winword"，单击"确定"按钮，启动 Word 2016。如图 7-22 所示。

步骤 2：双击"空白文档"选项，弹出如图 7-23 所示对话框。

步骤 3：在功能区的空白处，单击右键，在弹出的快捷菜单中单击"自定义功能区"命令。如图 7-24 所示。

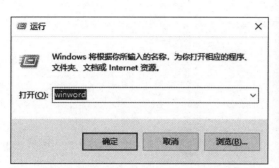

图7-22 运行

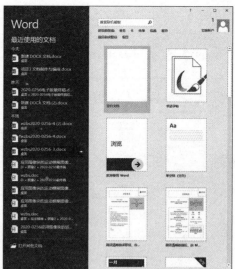

图7-23 Word 2016 启动窗口

图7-24 自定义功能区

步骤4：在"Word选项"对话框中，单击打开"新建选项卡"选项，得到"新建选项卡（自定义）"，如图7-25所示。

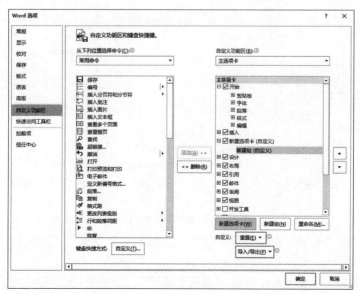

图7-25 Word 选项

步骤5：右击"新建选项卡（自定义）"选项，选择"重命名"命令，输入"我的选项卡"，单击"确定"按钮，如图7-26所示。

步骤6：单击"新建组"按钮3次，增加3个"新建组（自定义）"，如图7-27所示。

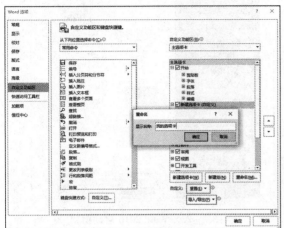

图7-26 重命名

图7-27 新建组（自定义）

步骤7：依次单击选择"新建组（自定义）"，再单击"重命名"按钮，输入新的组名，结果如图7-28所示。

步骤8：单击选择"文件组"，在左侧的下拉列表框中选择"不在功能区中的命令"，单击选择"新建空白文档"命令，单击"添加"命令按钮。这样，文件组就增加了"新建空白文档"命令，如图7-29所示。

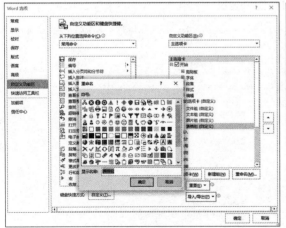

图7-28 重命名组

图7-29 添加命令

步骤9：单击"表格组"，先选择左侧的"所有选项卡"，再选择"表格"中的"插入表格"命令，单击"添加"命令按钮。这样，表格组中就增加了"插入表格"命令。依次完成添加命令的操作，如图7-30所示。

步骤10：完成上述操作后，得到"我的选项卡"，如图7-31所示，其中包含了用户自己常用的命令。这样有助于提高工作效率。

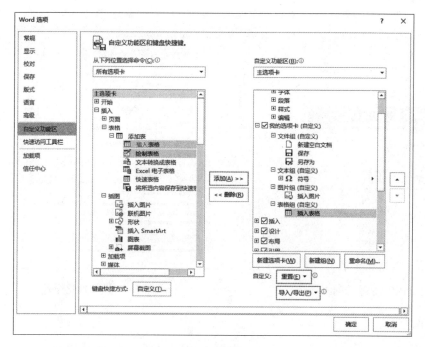

图 7-30　添加其他命令

图 7-31　我的选项卡

实训任务 2　其他常用设置。
任务要求：

（1）在"自定义快速访问工具栏"中添加"快速打印""打印预览和打印""撤销""恢复"等命令。

（2）设置 Word 2016 工作界面颜色为蓝色。

操作步骤：

步骤 1：在 Word 2016 中，单击标题栏左侧的"自定义快速访问工具栏"下拉按钮，在弹出的快捷菜单中，依次单击"快速打印""打印预览和打印""撤销""恢复"命令，如图 7-32 所示。

步骤 2：依次单击"文件"→"选项"命令，打开"Word 选项"对话框。单击打开"常规"选项卡，在右侧"对 Microsoft Office 进行个性化设置"栏内，在"Office 主题"下拉列表框中选择"彩色"，最后单击"确定"按钮。这样，窗体颜色就设置成了蓝色，如图 7-33 所示。

图 7-32 自定义快速访问工具栏

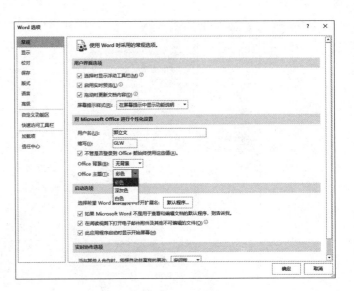

图 7-33 个性化设置

项目 7　Word 2016 文档制作与排版

任务 7.2　制作通知文档

 任务描述

日常工作、生活中，经常会见到各种通知。通知要内容清晰、格式规范，这样才能让人们准确地了解通知传递的信息。本任务要求利用 Word 2016 制作一份通知文档，其效果如［样张 7.1］所示。

［样张 7.1］

> **关于举行国庆升国旗仪式的通知**
>
> 各校属单位：
>
> 　　为庆祝中华人民共和国成立 70 周年，共抒爱国情怀，激励青年学生砥砺奋进，在实现"两个一百年"奋斗目标、实现民族复兴中国梦的实践中创造自己的精彩人生，校宣传部决定举行 2019 年国庆升国旗仪式。现将相关事项通知如下：
>
> 一、时间
> 2019 年 10 月 1 日（星期日）7：00
> 二、地点
> 学校体育场
> 三、参加人员
> 教职工、学生代表
> 四、仪式流程
> 1. 出旗
> 2. 升国旗、奏国歌
> 3. 诗歌朗诵
> 4. 学校领导讲话
> 5. "我和国旗合影"活动
> 五、有关要求
> 1. 升旗工作由国旗护卫队负责。
> 2. 着装整洁，不得喧哗，不得任意走动。
> 3. 学生由老师带队，6：45 前到达指定地点并整队完毕。
> 4. 升国旗时，全体人员面向国旗，肃立起敬，行注目礼。
>
> 　　　　　　　　　　　　　　　　校宣传部
> 　　　　　　　　　　　　二〇一九年九月二十六日

 任务分析

完成该任务的操作思路如下。
步骤 1：创建新文档。
步骤 2：输入并编辑通知文本。
步骤 3：设置字体格式。
步骤 4：设置段落格式。
步骤 5：保存和关闭文档。

知识指导

活动1　创建新文档

Word文档是文本、图片等对象的载体，要在文档中进行操作，必须先创建文档。新建一个空白文档，一般采用以下步骤：

（1）鼠标指向桌面空白处，单击鼠标右键。
（2）在弹出的快捷菜单中，单击"新建"→"Microsoft Word 文档"命令。
（3）双击打开"新建 Microsoft Word 文档.docx"，即可得到空白文档文件。

活动2　输入和编辑文本

创建一个空白文档后，接下来输入文本内容，完成后再对文本进行修改，这其中涉及光标定位、选择、删除、复制和移动文本等操作内容。

1. 光标定位

新建一个空白文档后，在文档开头会看到形如"｜"的闪烁光标，光标代表当前的插入点。也就是说，要在某处输入文本，必须先将光标定位于相应位置。

光标定位有4种常用方法。

方法一：用鼠标在要插入文字的地方单击。
方法二：双击文档空白处。
方法三：利用上/下/左/右移动键来移动光标。
方法四：利用组合键进行定位。表7-1列出了快速移动光标的常用组合键。

表7-1　快速移动光标的常用组合键

组合键	功能	组合键	功能
Home	将光标移到行首	Ctrl + Home	将光标移到文档开头
End	将光标移到行尾	Ctrl + End	将光标移到文档末尾
Page Up	将光标上移一屏	Page Down	将光标下移一屏

2. 录入文本

切换输入法：确定插入点之后，按Ctrl+Shift组合键，切换到合适的输入法，接下来就可以输入文字了。

自动换行：由于页面宽度有限，当输入的文字到达一行末尾后，通常光标会自动换到下一行首。

文字分段：当一个段落输入结束时，按Enter键结束当前段落，末尾显示出段落标记↵。同时，光标自动移到下一行，即可开始一个新的段落输入。

段落合并：删除段落标记↵，前后两个段落合并成一个段落。

3. 插入符号

文档输入中经常会遇到一些无法从键盘直接输入的特殊符号，比如☎、✉等，Word

— 16 —

2016 提供了插入符号命令。

输入特殊符号：打开"插入"选项卡→"Ω 符号"按钮，在打开的下拉列表中选择所需要的符号。如果没有，选择"其他符号"命令，打开"符号"对话框，如图 7-34 所示，先选择字体，再查找所要符号，选中后再单击"插入"按钮，即可将符号插入到当前光标位置。

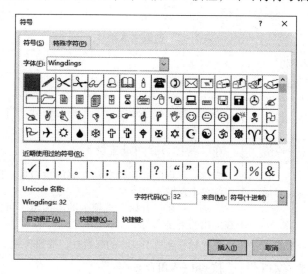

图 7-34 "符号"对话框

☞ 技巧

用软键盘输入特殊符号：利用输入法工具栏中的软键盘也可以方便地插入特殊符号、数学符号以及数字序号。

例如，输入"■"的方法如下。

（1）切换到一种中文输入法。

（2）在输入法工具栏中，右击▦（软键盘），如图 7-35 所示，再选择"C 特殊符号"。

（3）在软键盘中，单击"■"按键（也可以按键盘上的 A 键），即可输入"■"。

（4）完成符号输入后，再次回到输入法工具栏，单击▦，即可关闭软键盘。

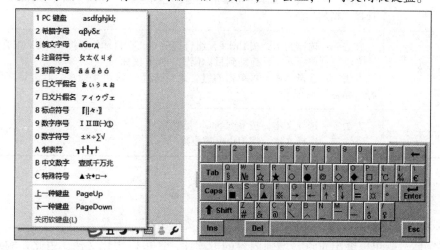

图 7-35 软键盘

4. 选择文本

"先选择对象,再选择命令",这是文档编辑、排版的基本思路。

选择文本:文本被选中后,将以黑底白字显示。通常,利用鼠标和键盘来选择文本,具体操作见表 7-2。

表 7-2 选取文本操作

选取方法	选取范围	操作方法
利用鼠标	选择一块文本	按住左键拖动,可选择连续的一块文本
	选择一行	将鼠标指针移至选定行左侧的空白处,当鼠标指针变成 ⚐ 形状,单击左键
	选择一个段落	在段落中,连续单击左键 3 次
	选择整个文档	方法一:将鼠标移到文档左侧的空白处,当鼠标变成 ⚐ 形状时,连续单击左键 3 次 方法二:在"开始"选项卡的"编辑"组中单击"选择"按钮,在弹出的下拉列表中,单击"全选"命令
利用键盘	选择一块文本	将光标移至所要文本的起始处,按 Shift 键,单击文本的结尾处
	选择整个文档	按 Ctrl + A 组合键

5. 复制、移动和删除文本

复制、移动和删除文本,是编辑 Word 文档时最常用的操作,其具体操作方法见表 7-3。

表 7-3 复制、移动和删除文本操作

功能	操作方法
复制文本	方法一:选择文本,按 Ctrl + C 组合键复制,在目标位置按 Ctrl + V 组合键粘贴 方法二:选择文本,按住 Ctrl 键不放,拖动文本到目标位置,释放鼠标 方法三:先选择文本,再单击右键,之后选择"复制"命令;右击目标位置,选择"粘贴"命令
移动文本	方法一:选择文本,按 Ctrl + X 组合键剪切,在目标位置按 Ctrl + V 组合键粘贴 方法二:选择文本,拖动到目标位置,释放鼠标 方法三:选择文本,再单击右键,之后选择"剪切"命令,右击目标位置,选择"粘贴"命令
删除文本	方法一:选择文本,按 BackSpace 键删除 方法二:选择文本,按 Delete 键删除

活动 3 设置字体

在 Word 中输入文本,默认格式为"等线(中文正文)"、五号字。

设置字体,既可以突出重点,增强内容的可读性,还可以美化文档。因此,输入文本之后,通常对字体、字号以及字符颜色等进行设置。

Word 2016 中设置字体有 3 种方法。

方法一：利用浮动工具栏设置。

方法二：利用功能区设置。

方法三：利用"字体"对话框设置。

1. 利用浮动工具栏设置

拖动鼠标选择文本，释放左键后，出现浮动工具栏。单击相应按钮完成字体设置。如图 7-36 所示，将字体设置为黑体、二号、加粗、单下划线、红色。

图 7-36 字体设置效果

> **提示**：在 Word 2016 文档编辑区中，标尺默认是隐藏的。
> 显示或隐藏标尺：在"视图"→"显示"组中，选中"标尺"复选框，可显示标尺；若撤选"标尺"复选框，则隐藏标尺。

2. 利用功能区设置字体

在"开始"选项卡中，利用"字体"组中的命令来设置字体。选择文本后，单击相应命令按钮即可进行设置。

"字体"组中，包含浮动工具栏中的大部分命令，还可以设置文本效果、上标和下标、突出显示、字符边框、底纹等效果。如图 7-37 所示，字体设置为"楷体""小二""字符底纹""字符边框"。

共产党人的人生境界——我将无我 不负人民

图 7-37 设置字体效果

3. 利用"字体"对话框设置

打开字体对话框有两种方法。

方法一：在"开始"选项卡中，单击"字体"组右下角的"功能扩展"按钮。

方法二：右击选择的文本，在弹出的快捷菜单中，单击"字体"命令。

打开"字体"对话框后，打开"字体"选项卡，设置字体、字形、字号、颜色、下划线、着重号等，设置完成后预览效果，如图 7-38 所示。

在"字体"对话框的"高级"选项卡中，可以设置字符间距、缩放和字符位置，其效果如图 7-39 所示。

图 7-38 "字体"对话框   图 7-39 设置字符间距和位置

活动 4　设置段落

段落是以段落标记"↵"结束的一段内容，可以是文本，也可以是图片、文本框、形状等内容。

段落格式主要包括对齐方式、缩进方式、段间距和行间距等。

合理设置段落格式，可以使文档结构清晰、层次分明，有利于读者更好地阅读文档，领会文档传递的信息。

1. 设置段落对齐方式

Word 2016 中有 5 种对齐方式，分别是左对齐、居中、右对齐、两端对齐和分散对齐。选择段落，在"开始"选项卡的"段落"组中，单击相应的对齐按钮，即可完成设置。如图 7-40 所示，给出了 5 种对齐方式的示例。

```
我将无我 不负人民（左对齐）
            我将无我 不负人民（居中）
                        我将无我 不负人民（右对齐）
我将无我 不负人民（两端对齐）
我  将  无  我   不  负  人  民  （ 分  散  对  齐 ）
```

图 7-40　段落对齐效果

2. 设置段落缩进

段落缩进是指文本与页边距之间的距离。段落缩进包括左缩进、右缩进、悬挂缩进和首行缩进 4 种缩进方式。通常在"段落"对话框中进行设置,在"缩进和间距"选项卡的"缩进"栏中设置段落缩进,如图 7-41 所示。

方法一:选中段落,在"开始"选项卡的"段落"组中,单击右下角的"功能扩展"按钮,打开"段落"对话框。

方法二:选中段落,右击选择"段落",打开"段落"对话框。

3. 设置段落和行间距

合理设置行距、段落前后间距,可以使文档一目了然。在段落中,行距是指行与行之间的距离;段落间距是指段落与段落之间的距离,分为段前间距、段后间距。以上设置可以在"段落"对话框中完成,或者在"段落"组中单击"行与段落间距"按钮,在下拉列表框中进行设置,如图 7-42 所示。

图 7-41 "缩进和间距"选项卡

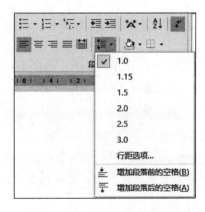

图 7-42 设置行与段落间距

活动 5 保存和关闭文档

在文档编辑过程中或编辑完成后,需要及时进行保存,降低因为意外导致数据丢失的风险。Word 2016 提供了多种保存文档的方式,而且具有自动保存功能。

1. 新建文档保存

保存新建文档的具体步骤如下。

(1)单击"文件"选项卡→"保存"命令。

（2）在弹出的"另存为"对话框中，分3步设置，一要确定保存的位置，二要输入文件名，三要确定文件类型，文件类型默认为"word文档（*.docx）"。

（3）完成后，单击"保存"按钮即可。如图7-43所示。

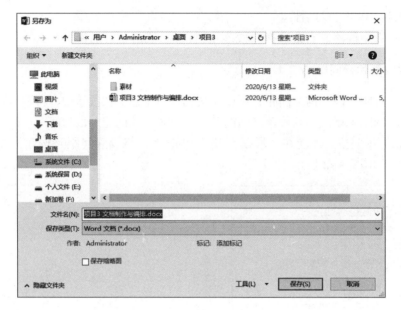

图7-43 "另存为"对话框

2. 现有文档保存

对现有文档进行实时保存，是指文件的位置、类型、文件名不变，即同名保存。保存方法如下。

方法一：单击"文件"选项卡→"保存"命令。

方法二：按 Ctrl+S 组合键，快速完成保存。

> 提示：Word 2016 的默认文档类型为"*.docx"，Word 2003 及之前的低版本的默认文档类型为"*.doc"。例如，Word 2003 无法打开"*.docx"的文档。为了实现高低版本兼容，Word 2016 在保存类型选项中，提供了一种兼容模式"Word 97-2003 文档"，将文档保存为这种类型，将得到扩展名为 doc 的文档，就能被低版本 Word 软件打开。

3. 关闭文档

关闭当前已打开的文档，主要有3种方法。

方法一：选择"文件"选项卡→"关闭"命令。

方法二：单击窗口右上角的 × 按钮。

方法三：按 Ctrl+F4 组合键。

任务实施

制作通知文档时，具体按照以下步骤操作。

步骤1：创建新文档。

(1) 启动 Word 2016。
(2) 双击"空白文档"选项。
(3) 按 Ctrl+S 组合键,保存为"关于举行国庆升国旗仪式的通知.docx"。

步骤2:输入并编辑通知文本。

插入日期:打开"插入"选项卡,再单击"日期和时间"按钮,在弹出的对话框中设置语言为"中文(中国)",选择可用格式,如图7-44所示。文本输入完成后,如图7-45所示。

图7-44 日期与时间

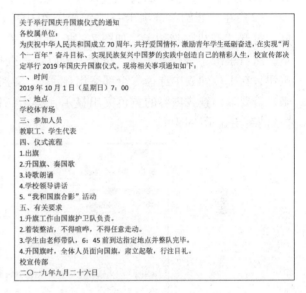

图7-45 通知文档的文本内容

步骤3:设置字体格式。
(1) 标题:黑体、小二、加粗。
(2) 正文:宋体、四号。
(3) 一至五小标题:加粗。

步骤4:设置段落格式。
(1) 标题:居中、段前间距1行、段后间距0.5行、单倍行距。
(2) 正文第1段:左对齐、1.5倍行距。
(3) 正文第2段至19段:左对齐、首行缩进2字符、行距为固定值23磅。
(4) 正文第20段:右对齐、段前间距2行、行距为固定值23磅。
(5) 正文第21段(最后1段):右对齐、行距为固定值23磅。

步骤5:保存和关闭文档。
按 Ctrl+S 组合键保存文档,最后按 Ctrl+F4 组合键关闭文档。

知识拓展

活动1 查找与替换操作

在编辑文本时,经常遇到需要对文档中某个字词进行多次更正的情况。在文档中逐个查找不仅费时费力,还可能出现漏改现象。利用查找与替换操作可以很好地解决这一类问题。

1. 查找文本

查找文本有两种方法。

(1) 在"开始"选项卡→"编辑"组中单击 查找 按钮,或直接按 Ctrl + F 组合键,在左侧导航窗格中的"导航"文本框中输入需要查找的文本,然后按 Enter 键。在文档中所有查找到的文本将以黄色突出显示出来。

(2) 在"开始"选项卡→"编辑"组中单击 替换 按钮,弹出"查找和替换"对话框,打开"查找"选项卡,如图 7 - 46 所示。在"查找内容"文本框中输入需要查找的文本,然后单击"查找下一处"按钮,可以逐一查找文本内容。也可以单击"阅读突出显示"按钮,在下拉列表中选择"全部突出显示",文档中所有查找到的文本将以黄色突出显示出来。若要取消查找内容的黄色突出显示,单击"阅读突出显示"按钮,在下拉列表中选择"取消突出显示"即可。

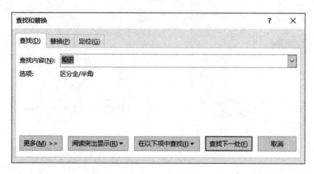

图 7 - 46 "查找"选项卡

2. 替换文本

在"开始"选项卡→"编辑"组中,单击 替换 按钮,弹出"查找和替换"对话框,如图 7 - 47 所示。

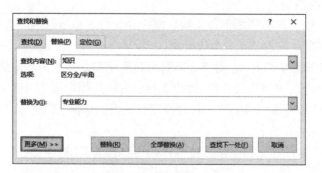

图 7 - 47 查找文本

在"查找内容"文本框中,输入需要查找的文本;然后,在"替换为"文本框中,输入替换的文本。单击"替换"按钮,将进行逐一替换;单击"全部替换"按钮,将一次性全部替换。

如果需要查找或替换键盘上无法输入的特殊字符，单击"查找和替换"对话框中 更多(M) >> 按钮，即可展开"搜索选项"栏，如图7-48所示。单击其中的"特殊格式"按钮，在弹出的列表中选择需要的特殊字符即可。单击"格式"按钮，可以为查找或替换的文本设置字体及突出显示等格式。单击"不限定格式"按钮，将取消已设定的格式。

图7-48 "搜索选项"栏

活动2　设置项目符号和编号

项目符号和编号是文本前起强调作用的符号标记。在段落中设置项目符号或编号，可以使文档层次结构更有条理、重点更突出。

[样张7.2]

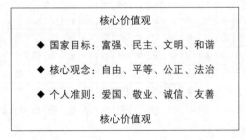

1. 添加项目符号

选中文本，在"开始"选项卡→"段落"组中，单击"项目符号"按钮右侧的按钮。在弹出的下拉列表中，选择需要的项目符号，可在文档中预览效果，选择一种项目符号完成添加，如图7-49所示。

2. 添加自定义项目符号

如果需要的符号不在项目符号库中，可通过自定义方式进行添加，其操作步骤如下。

步骤1：选中文本，在"开始"选项卡→"段落"组中，单击"项目符号"按钮 右侧的▼按钮。在弹出的下拉列表中选择"定义新项目符号"命令，打开"定义新项目符号"对话框，如图7-50所示。

图7-49 项目符号库

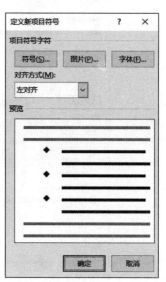

图7-50 "定义新项目符号"对话框

步骤2：在"项目符号字符"选项组中，单击"符号"按钮，在弹出的"符号"对话框中，选择需要的符号，单击"确定"按钮，如图7-51所示。

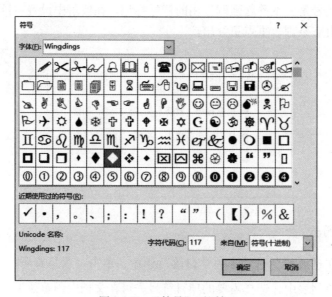

图7-51 "符号"对话框

提示：在"定义新项目符号"对话框，单击"图片"按钮，可在弹出的"图片项目符号"对话框中选择图片作为项目符号；单击"字体"按钮，对符号设置字体格式。

☞技巧

如果要取消段落前的项目符号，方法如下：选定段落，单击"开始"→"段落"组中的"项目符号"按钮，或者打开项目符号库列表，单击其中的"无"选项即可。

3. 添加编号

选中文本，在"开始"选项卡→"段落"组中，单击"编号"按钮右侧的▼按钮，在弹出的下拉列表中，选择编号形式，可在文档中预览应用后的效果，单击相应编号，即可对所选段落添加编号，如图7-52所示。

4. 调整列表缩进量

项目符号添加后，还可以设置项目符号的位置、文本缩进以及制表符的位置。选中添加了项目符号的段落，在右键菜单中选择"调整列表缩进…"选项，弹出对话框，在其中根据需要设置即可。编号的缩进设置方法与项目符号相同，如图7-53所示。

图7-52 编号库

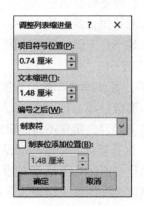

图7-53 "调整列表缩进量"对话框

活动3 格式刷

在编辑文档时，经常会对多处文字和段落重复设置同一格式。Word 2016提供的"格式刷"工具可以"刷"出格式，即可以快速将指定文字或段落的格式复制到目标文字或段落上，让用户免受重复设置之苦，以提高工作效率。使用"格式刷"的步骤如下。

步骤1：选中要复制其格式的文字或段落。

步骤2：在"开始"选项卡→"剪贴板"组中，双击"格式刷"按钮 ，此时鼠标指针会变成刷子形状。

步骤3：移动鼠标到目标文本或段落处，选中文字或段落即可复制格式。

步骤4：复制格式完成后，再次单击"格式刷"按钮或按 Esc 键结束。

☞ 技巧

撤销：在对文档进行编辑操作时，对刚刚出现的误操作，可以用快速访问工具栏中的 按钮撤销上一步操作；对先后相同的操作可按 F4 键重复完成。

恢复：若要恢复撤销的操作，可以用快速访问工具栏中的 按钮，恢复已撤销的上一步操作。

重复上一步操作：在完成某一步操作后，若要重复这一步操作，可按 F4 键完成。

任务拓展

实训任务1　制作观后感文档

任务描述：对已经录入内容的观后感文档进行整理，使之成为一份内容清晰、层次分明的文档，完成后的效果如［样张7.3］所示。

［样张7.3］

感动中国徐立平观后感

■ 颁奖词

每一次落刀，都能听到自己的心跳。你在火药上微雕，不能有毫发之差。这是千钧所系的一发，战略导弹，载人航天，每一件大国利器，都离不开你。就像手中的刀，二十六年锻造。你是一介工匠，你是大国工匠。

■ 徐立平事迹

（1）徐立平，男，1968年生，中国航天科技集团公司第四研究院7416厂发动机药面整形组组长，高级技师。自1987年入厂以来，一直为导弹固体燃料发动机的火药进行微整形。在火药上动刀，稍有不慎蹭出火花，就可能引起燃烧爆炸。

（2）目前，火药整形在全世界都是一个难题，无法完全用机器代替。下刀的力道，完全要靠工人自己判断，药面精度是否合格，直接决定导弹的精准射程。0.5毫米是固体发动机药面精度允许的最大误差，而经徐立平之手雕刻出的火药药面误差不超过0.2毫米，堪称完美。

（3）为了杜绝安全隐患，徐立平还自己设计发明了20多种药面整形刀具，有两种获得国家专利，一种还被单位命名为"立平刀"。

（4）由于长年一个姿势雕刻火药，以及火药中毒后遗症，徐立平的身体变得向一边倾斜，头发也掉了大半。28年来，他冒着巨大的危险雕刻火药，被人们誉为"大国工匠"。

■ 观后感

感动中国激励我们年轻人前行和进步。

感动中国让我们明白，自己的路该怎么走。

感动中国让我们清楚，人的梦想该如何去实现。

感动中国让我们知道懂得关爱和感恩，懂得坚强和坚持。

千言万语，汇成一句话：感动就在我们身边，感动一直在传递着和发扬着，相信和期待更多的爱和梦想被点亮，愿好人一生平安，愿善良的人收获幸福，祝福"徐立平"们健康长寿。

节选自 https://u.sanwen.net/subject/tqabqqqf.html

任务说明：

（1）打开"项目7\任务2\素材\感动中国徐立平观后感.docx"文档。

（2）标题：黑体、三号、加粗、居中对齐、段前1行、段后0.5行、单倍行距。

（3）正文：除最后一段外，左对齐、首行缩进2字符、段后0.5行。

（4）正文小标题：黑体、四号、深蓝色、加项目符号"■"。

（5）正文第2段：楷体、四号。

（6）正文第4段~第7段：仿宋、四号、设置编号（X），调整列表缩进量为编号位置0.98厘米、文本缩进0厘米。

（7）正文第9段~第13段：宋体、四号。

（8）正文最后一段：宋体、五号、右对齐。

（9）保存文档。

实训任务2　制作招聘启事文档

任务描述：现有"辅导招聘启事.docx"文档，需要进行编辑修改和格式设置，使之成为一份内容清晰、层次分明的招聘启事，完成后的效果如［样张7.4］所示。

［样张7.4］

辅导员招聘启事

为全面贯彻落实全国高校思想政治工作会议精神、《普通高等学校辅导员队伍建设规定》教育部文件精神，进一步促进我校学生工作，满足招生规模扩大需求，现面向全国招聘学生专职辅导员五名。具体方案如下：

岗位要求

1. 具有中华人民共和国国籍，具有较高的政治素质和坚定的理想信念，坚决贯彻执行党的基本路线和各项方针政策，有较强的政治敏感性和政治辨别力。

2. 热爱大学生思想政治教育事业，甘于奉献，潜心育人，具有强烈的事业心和责任感，能长期从事学生教育管理工作。

3. 具有从事思想政治教育工作相关学科的宽口径知识储备，掌握思想政治教育工作相关学科的基本原理和基础知识，掌握思想政治教育专业基本理论、知识和方法，掌握马克思主义中国化相关理论和知识，掌握大学生思想政治教育工作实务相关知识，掌握有关法律法规知识。

4. 身体健康，五官端正，具备较强的组织管理能力，语言、文字表达能力，及教育引导能力、调查研究能力，具备开展思想理论教育和价值引领工作的能力。

5. 具有较强的纪律观念和规矩意识，遵纪守法，为人正直，作风正派。

资格要求

1. 中共正式党员或预备党员，具有学生干部工作经历。

2. 具有硕士研究生学历，本、硕专业相同或相近，毕业院校应为公办统招全日制一本及以上，思政和心理学专业在同等条件下优先考虑。

3. 年龄一般应在30周岁以下。

招聘待遇

按照国家事业单位同类同级人员工资、福利执行，择优办理进入事业编制。

简历投递

发送电子简历至E-mail：××××@×××.×××。投递须注明岗位为辅导员。

其他事项说明

1. 本次招聘的正式报到时间为2021年7月，报到时需提供学历、学位证书等材料。未按时取得学位者或未能按时毕业的，所签聘用协议自动失效。

2. 体检不合格者或弄虚作假者不予聘用。

3. 招聘信息如有变动，将在我校人事处网站及时公布，请应聘者密切关注。

4. 联系人：×××老师

5. 联系方式：×××-××××××××

任务说明：

（1）打开"项目7\任务2\素材\辅导员招聘启事.docx"文档。

（2）查找与替换：利用替换命令，删除无内容的空白段落。

（3）标题：微软雅黑、小二、加粗，文本效果为第3列第3种样式、居中对齐。

（4）正文：各段首行缩进2字符。

（5）"一"至"五"小标题：微软雅黑、小四，文字效果为第2列第1种样式，行间距为1.5倍行距，并添加图片样式的项目符号，删除原有序号"一"至"五"。

（6）正文第1段：楷体、小四、1.5倍行距。

（7）正文各个小标题下的文本：楷体。

（8）给"一""二""五"小标题下的段落添加数字编号。

（9）保存文档。

任务 7.3　制作公司宣传简报

任务描述

公司宣传简报是介绍和宣传企业形象及企业文化的报刊，用于提高企业知名度，其内容主要包含企业主营业务、产品、企业规模及人文历史等。

为了更好地营造宣传效果，简报除了文本内容外，还需要插入图片、艺术字、文本框及页面边框等对象，用以增强页面的美感。

本任务是制作电子版的华为公司宣传简报，其效果如［样张 7.5］所示。

［样张 7.5］

任务分析

完成该任务的操作思路如下。
步骤1：设置字体及段落格式。
步骤2：添加项目符号为公司 LOGO 图片。
步骤3：将文档标题设置成艺术字，设置形状填充颜色。
步骤4：设置段落底纹。
步骤5：插入图片并设置图片大小、位置和环绕方式。
步骤6：添加水印文字。
步骤7：设置页眉/页脚。
步骤8：设置页面边框。
步骤9：调整内容与格式，版面为1页。
步骤10：保存文档。

知识指导

活动1　插入并编辑艺术字

艺术字是具有特殊效果的文字，多用于广告宣传、文档标题。利用 Word 提供的艺术字功能，可以在文档中创建各种各样美观的艺术字体，以达到醒目的外观效果。

［样张7.6］

华为技术有限公司简介

制作艺术字的具体操作如下。
步骤1：将光标定位到文档中要插入艺术字的位置。
步骤2：打开"插入"选项卡，在"文本"组中单击"艺术字"按钮 ，打开艺术字库样式列表框，如图7-54所示，在其中选择需要的艺术字样式，比如第2行第2列样式。

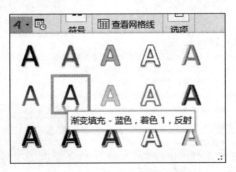

图7-54　"艺术字"样式列表

步骤3：在弹出的"请在此放置您的文字"文本框中单击鼠标，输入艺术字文本，比如"华为技术有限公司简介"，其过程如图7-55所示。在文档其他位置单击鼠标，取消文本框选中状态，即可查看艺术字效果。

图 7-55　输入艺术字文本

步骤 4：插入艺术字后，选中艺术字，即可激活"格式"选项卡，如图 7-56 所示，使用其中的功能可以对艺术字进行样式、位置、大小及环绕方式等各种设置。

图 7-56　"格式"选项卡

这里，设置艺术字形状填充为"蓝色，个性色 1，深色 25%"；文本填充为"白色"，文本轮廓为白色。如图 7-57 所示。

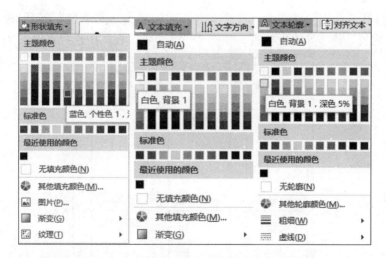

图 7-57　形状填充、文本填充、文本轮廓设置

提示：选中已有的文本后，执行插入艺术字操作，可快速将它们转换为艺术字。选中"华为技术有限公司简介"艺术字，在"格式"选项卡的"艺术字样式"组中单击"文字效果"按钮，在打开的下拉列表中单击"转换"子菜单，在"弯曲"样式中选择"波形 1"，即可得到如图 7-58 所示的"波形 1"艺术字效果。

图 7-58　设置艺术字效果

活动2　插入并编辑文本框

文本框是 Word 文档中存放文本、图形或图片等元素的容器。文本框实际上也是一种图形对象，因此可以在文档中灵活移动，可以调整大小，也可以设置一些特殊效果，比如文字竖排、颜色填充等，使用文本框可使文档版面的编排更加方便。

[样张7.7]

愿景：丰富人们的沟通和生活。
使命：聚焦客户关注的挑战和压力，提供有竞争力的通信解决方案和服务，持续为客户创造最大价值。
战略：以客户为中心。

插入并编辑文本框的操作步骤如下。

步骤1：将光标定位到要插入文本框的位置。

步骤2：打开"插入"选项卡，在"文本"组中单击"文本框"按钮，打开文本框列表，列表中内置了许多文本框模板，如图7-59所示，在其中选择需要的文本框样式，比

图7-59　文本框列表

如"简单文本框"样式。

步骤3：在弹出的文本框中输入文本，然后选中文本，将字符格式设置为仿宋、五号、加粗、红色，将鼠标指针移到文本框右侧中间的控制点上，按住鼠标左键不放，水平拖动可以调整文本框宽度，其过程如图7-60所示。在文档其他位置单击，取消文本框选中状态，即可查看文本框效果。

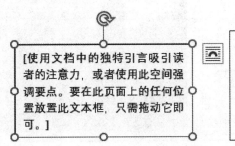

图7-60 输入文本框文本

步骤4：插入文本框后，单击文本框的边框，激活"格式"选项卡，在"形状样式"组中可以对文本框进行形状样式、填充效果、线性等各种设置，如图7-61所示。

这里，选中文本框，单击 形状填充 按钮，在下拉列表中选择"纹理"中的"新闻纸"作为文本框填充颜色，然后单击 形状轮廓 按钮，在下拉列表中设置线条颜色为"浅绿"、线条粗细为"3

图7-61 "形状样式"组

磅"，最后单击 形状效果 按钮，设置文本框的阴影效果，即可完成［样张7.6］文本框的制作。

步骤5：文本框制作完成后，将鼠标指针移到文本框边框上，按住鼠标左键不放，将文本框移到文档中合适的位置。

☞ 技巧

选中文本，单击"插入"选项卡→"文本"组中的"文本框"按钮，在下拉列表中选择"绘制文本框"选项，即可将选中文本置于文本框。

活动3 插入并编辑图片

在制作寻物启事、产品说明书、公司宣传册之类的文档时，往往需要插图配合文字解说。这就需要使用Word的图片编辑功能，通过图片编辑等功能，可以制作出图文并茂的文档。在文档中插入的图片可以是Word自带的剪贴画，也可以是用户自己准备的图形图像文件。

1. 插入联机图片

步骤1：将光标定位在要插入图片的位置，在"插入"选项卡→"插图"组中，单击"联机图片"按钮。

步骤2：选择"必应图像搜索"。例如，在搜索框中输入搜索词"五星红旗"，单击"搜索必应"按钮，查看来自必应的图像，再选择"插图"类型、红色，搜索结果如

图7-62所示。

步骤3：单击选中第一张图片左上角的复选框，再单击"插入"按钮，结果如图7-63所示。

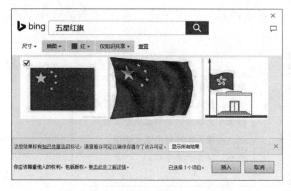

图7-62 搜索结果

图7-63 联机图片效果

2. 插入图片

在文档中，可以插入电脑里存储的图片。

步骤1：准备好图片。

步骤2：在"插入"选项卡→"插图"组中，单击"图片"按钮，弹出"插入图片"对话框。

步骤3：选择存放图片的位置，单击选择所要的图片，如图7-64所示。

步骤4：单击"插入"按钮。

图7-64 "插入图片"对话框

3. 编辑图片

在文档中插入图片后，通常需要对图片进行样式、大小、颜色、边框及位置等编辑操作。选中要编辑的图片，在如图 7-65 所示的"格式"选项卡中可以通过相应的功能按钮对图片进行编辑。

图 7-65 "格式"选项卡

1）调整图片效果

利用"调整"组中的按钮可以对图片的颜色、亮度、艺术效果等进行调整，其中常用选项的作用如下。

删除背景：删除掉图片中的背景。

更正：调整图片的亮度、对比度或清晰度。

颜色：调整图片的饱和度、色调和冲洗着色效果。

艺术效果：为图片添加马赛克、素描等艺术效果。

压缩图片：调整图片的分辨率、大小，减小图片文件大小，节省空间。

更改图片：打开"插入图片"对话框，在其中选择新图片替换当前图片。

重设图片：将图片恢复到调整以前的最初状态。

2）设置图片样式

在 Word 2016 中可以为图片添加样式，设置图片形状、图片边框及图片效果等。在"图片样式"组列表中选择一种样式，单击即可快速应用该样式。

利用"图片样式"组右侧的 3 个按钮，可对图片设置更多的效果。

图片边框：为图片添加边框，并设置边框的颜色和粗细。

图片效果：为图片添加阴影、映像等效果。

图片版式：使图片与 SmartArt 图形结合起来，可以为图片配上文字注解。

制作实例：设置图片样式。

步骤 1：插入图片"项目 7 \ 任务 2 \ 素材 \ 西安交大老教授.jpg"。

步骤 2：双击该图片。

步骤 3：在"格式"选项卡→"图片样式"组中，单击选择"圆形对角，白色"。应用效果如图 7-66 所示。

制作实例：制作配有文字注解的"西迁精神"图片。

步骤 1：插入图片"项目 7 \ 任务 2 \ 素材 \ 西迁精神.jpg"

步骤 2：双击该图片。

步骤 3：在"格式"选项卡→"图片版式"组中，单击选择"蛇形图片题注"选项。

步骤 4：在文本框中输入"胸怀大局 无私奉献"，按 Shift + Enter 组合键换行，再输入"弘扬传统 艰苦创业"。

步骤 5：再次双击图片。

步骤 6：在"设计"选项卡中，单击"更改颜色"组，再选择"渐变循环—个性色 2"。

步骤 7：在"设计"选项卡的"SmartArt 样式"组中，单击"中等效果"选项。

步骤8：拖动题注到合适位置，修改图片大小，效果如图7-67所示。

图7-66 设置图片样式效果

图7-67 设置图片版式效果

3）设置图片排列方式

利用"排列"组的功能，可以设置图片的位置、环绕文字和对齐方式等。

位置：可以设置图片在文档中与文字的环绕位置，如图7-68所示。

环绕文字：设置图片环绕文字的方式，如图7-69所示。

对齐：可以设置多张图片的对齐方式，如图7-70所示。

组合：可以对多张图片进行组合。

图7-68 图片位置设置

图7-69 环绕文字设置

图7-70 对齐设置

> 提示：当图片的环绕方式是"嵌入型"时，图片既不能被移动，也不能被多选。当图片为其他环绕方式时可以任意移动位置；按住Ctrl键，能够选择多张图片，这时可以使用对齐与组合等命令。

4）设置图片大小

如果插入文档中的图片大小不合适，可以进行适当调整，具体可使用的方法有以下几种。

(1) 整体缩放：选中图片，将鼠标指向图片四角的圆形控制点上，可根据需要向左上、左下、右上、右下拖动，并可以保持图片的纵横比不变，避免图片因改变大小而变形。

(2) 调整高度或宽度：选中图片，将鼠标指向图片四边中间的方形控制点上，可根据需要向上、下、左、右拖动。

(3) 精确调整大小：双击图片，在"格式"选项卡→"大小"组中，输入图片的高度、宽度数值。

(4) 利用"布局"对话框调整：双击图片，单击"格式"选项卡→"大小"组右下角的"拓展功能"按钮，打开"布局"对话框，如图7-71所示。或者在图片上单击鼠标右键，在弹出的菜单中选择"大小和位置"命令，也能打开"布局"对话框，在其中可以进行图片的位置、高度、宽度、缩放比例、文字环绕方式等设置。

(5) 图片裁剪：双击图片，在"格式"选项卡→"大小"组中，单击"裁剪"按钮。之后，将鼠标指针移到图片边框的控制点上，按住鼠标左键拖动，可对图片进行裁剪操作。

活动4 插入并编辑图形

在文档中，除了可以插入联机图片

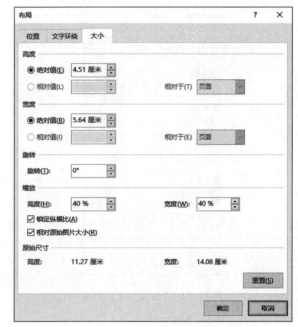

图7-71 "布局"对话框

和图片文件外，Word还提供了一套丰富的自绘图形，可以在文档中"画"出各种样式的形状，如矩形、心形和旗帜形状等。

1. 绘制图形

在"插入"选项卡→"插图"组中，单击"形状"按钮。在弹出的下拉列表中列出了线条、矩形、基本形状和箭头汇总等类型，如图7-72所示，每个类型包含若干图形，单击所需的形状，当鼠标指针变成"+"形状时，在文档合适的位置按住鼠标左键拖动，即可绘制出选中的形状，其效果如图7-73所示。

2. 编辑图形

绘制图形后，将激活对应的"格式"选项卡。在其中，可以对图形进行编辑加工，比如设置样式、线条、填充颜色、阴影等外观或者添加文字。

设置样式：所绘制图形在默认状态下是用蓝色填充的，在"形状样式"组中选择一种样式即可应用，也可以单击右侧的3个按钮来自定义图形的填充颜色、轮廓颜色和阴影效果等。

添加文字：选择右键快捷菜单中的"添加文字"命令，即可在图形中输入文字。

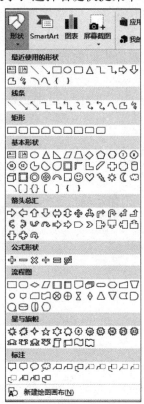

图 7-72 "形状"下拉列表

图 7-73 自绘图形效果

[样张 7.8]

> 延安精神
>
> 自力更生、艰苦奋斗的创业精神；
> 全心全意为人民服务的精神；
> 理论联系实际、不断开拓创新的精神；
> 实事求是的思想路线。

制作［样张 7.8］的具体操作步骤如下。

步骤 1：在"插入"选项卡→"插图"组中，单击"形状"按钮，在弹出的下拉列表的"基本形状"栏中，选择"缺角矩形"，此时鼠标指针会变成"+"形状，按住鼠标左键拖动即可绘制出缺角矩形。

步骤 2：双击图形，在"格式"选项卡→"形状样式"组中，选择"主题样式"中的第 3 列第 6 行的"强烈效果—红色，强调颜色 2"样式。

步骤 3：选中图形，将鼠标放到图片四角的圆形控制点上，适当调整图形的大小。

步骤 4：选中图形，单击鼠标右键，在弹出的菜单中选择"添加文字"命令，即可将光标定位到图形中，然后输入样张 7.8 所示的文字，并设置字体、字号以及居中对齐等格式，完成样张的制作。

☞技巧

选中绘制的图形，在鼠标右键菜单中单击"设置形状格式"选项，在窗口左侧将打开任务窗格。在任务窗格中，也可以方便地设置或取消图形的填充颜色、线条颜色、线型和阴影效果等，如图 7-74 所示。

图 7-74　设置形状格式

活动 5　设置页面背景

通过设置页面背景，可以对整个文档的外观起到修饰和美化作用。Word 2016 的页面背景包括水印、页面颜色和页面边框。

1. 添加水印

水印是出现在文档底层的文字或图片，通常用于标示文档状态或增加趣味。添加方法为：在"布局"选项卡→"页面背景"组中，单击"水印"按钮。在弹出的下拉列表中，选择一种系统内置的水印效果即可。如果对内置的水印效果不满意，可以在下拉列表中选择"自定义水印"选项，弹出如图 7-75 所示的"水印"对话框，选中"文字水印"单选按钮，可以自定义水印文字及其格式；选中"图片水印"单选按钮，则可以插入一幅图片作为水印背景。

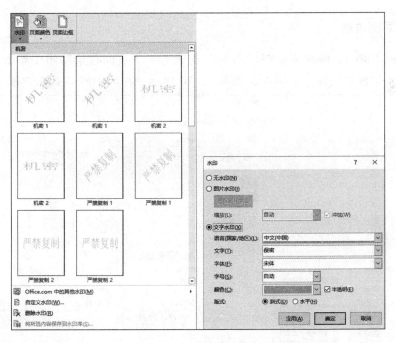

图 7-75　"水印"下拉列表与对话框

提示：删除水印时，单击"水印"按钮，在打开的下拉列表中选择"删除水印"即可。

2. 设置页面颜色

Word 文档的页面背景可以是纯色背景、渐变色背景和图片背景。设置方法是：在"布局"选项卡→"页面背景"组中，单击"页面颜色"按钮，在弹出的下拉列表中，选择一种主题颜色作为背景，如图 7-76 所示。选择"填充效果"命令，在打开的对话框中的"渐变""图片"等选项卡下，便可设置渐变色背景或图片背景，如图 7-77 所示。

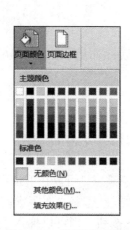
图 7-76 设置页面背景

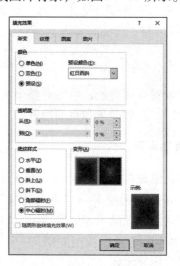
图 7-77 "填充效果"对话框

3. 设置页面边框

设置页面边框时，同样需要在"布局"选项卡→"页面背景"组中单击"页面边框"按钮，弹出"边框和底纹"对话框，如图 7-78 所示，在其中的"页面边框"选项卡中选

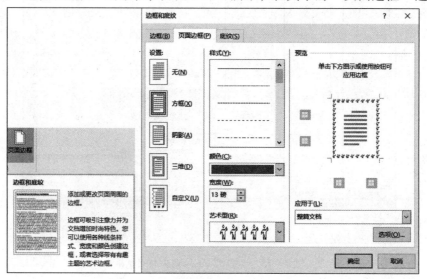
图 7-78 "页面边框"与"边框与底纹"

择边框的线型、颜色或者艺术型边框，然后单击"确定"按钮，即可给整篇文档添加页面边框。

活动6　设置页眉和页脚

页眉/页脚位于文档中每个页面的顶部和底部区域，用于显示文档的附加信息，例如企业名称、徽标、页码和日期等信息。页眉/页脚均不属于文档正文，对其编辑时不会对正文文本产生影响。

1. 设置页眉

在"插入"选项卡→"页眉和页脚"组中，单击"页眉"按钮。在弹出的下拉列表中选择一种页眉样式，此时将激活页眉编辑状态，在页眉编辑区中，输入需要的文字内容。

2. 设置页脚

在"插入"选项卡→"页眉和页脚"组中，单击"页脚"按钮，在弹出的下拉列表中，选择一种页脚样式，此时将激活页脚编辑状态，在页脚编辑区中，输入需要的文字内容。

当进入页眉或页脚编辑状态后，上述方法能够为文档的每一页添加上相同的页眉和页脚内容。如果需要设置奇/偶页内容不同的页眉和页脚，可以在自动激活的"设计"选项卡→"选项"组中选中"奇偶页不同"复选框，然后分两步完成，先编辑奇数页的页眉和页脚，再编辑偶数页的页眉和页脚。

3. 设置页码

在"插入"选项卡→"页眉和页脚"组中，单击"页码"按钮，在打开的下拉列表中，选择页码的位置和样式即可。

任务实施

制作公司宣传简报时，打开"项目7\素材\任务2\华为公司简介.docx"文档，具体按照以下步骤操作。

步骤1：设置字体及段落格式。

正文各段：仿宋，五号，左对齐，首行缩进2字符，单倍行距。

小标题：黑体，五号，段前间距0.5行，段后间距0.5行，悬挂缩进0.74厘米，单倍行距。

步骤2：添加项目符号为公司LOGO图片。

项目符号：设置小标题的项目符号为"项目7\素材\任务2\华为公司Logo.jpg"。

步骤3：将文档标题设置成艺术字，设置形状填充颜色。

步骤4：设置段落底纹。

最后一段设置为居中。

在"开始"选项卡→"段落"组中，单击"边框"命令弹出下拉列表，如图7-79所示，再单击"边框和底纹"选项。

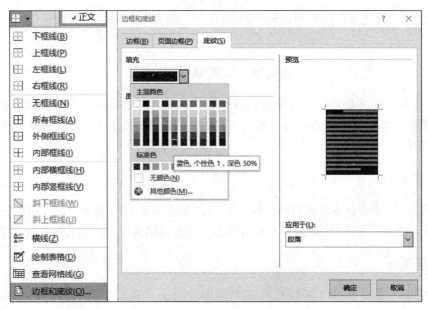

图 7-79 "边框和底纹"对话框

在弹出的对话框中，打开"底纹"选项卡。设置填充颜色为"蓝色 个性色1，深色50%"，应用于"段落"，最后单击"确定"按钮，结果如［样张 7.9］所示。

［**样张 7.9**］

以上内容与图片选自华为官网、百度百科

步骤5：插入图片并设置图片大小、位置和环绕方式。

插入"素材"文件夹中的4张图片，保持纵横比不变，设置每张图片宽度为5厘米，"四周型"环绕方式，移动图片到相应位置。

步骤6：添加水印文字。

在"设计"选项卡中，单击"水印"列表中的"自定义水印"选项。在弹出的对话框中，选中"文字水印"单选按钮，设置文字为"样张"，字体为"黑体"，字号为120，颜色为"红色"，半透明，版式为"斜式"，单击"确定"按钮。拖动水印文字到合适位置。

步骤7：设置页眉页脚。

双击页眉处，设置左对齐，输入"［华为技术有限公司］"，按 Tab 键两次，光标移至左侧，单击"插入"选项卡→"日期和时间"组，选择相应的中文日期格式，即可插入当前日期。

步骤8：设置页面边框。

在"布局"选项卡→"页面背景"组中，单击"页面边框"按钮，弹出"边框和底纹"对话框。在"页面边框"选项卡中，选择艺术型中第86个边框，并将颜色设置为"淡蓝色"，单击"确定"按钮。

步骤9：调整内容与格式，版面为1页。

步骤10：保存文档。

知识拓展

活动1　设置边框和底纹

对文档中的文本、段落和页面设置边框和底纹，可以美化文档，还可以突出文档中的重点内容，具体操作步骤如下。

步骤1：选定要设置边框的文本或段落。

步骤2：在"开始"→"段落"组中，单击"下框线"按钮右侧的下拉按钮，弹出下拉列表，再单击"边框和底纹"选项。在弹出的"边框和底纹"对话框中，打开"边框"选项卡，如图7-80所示。

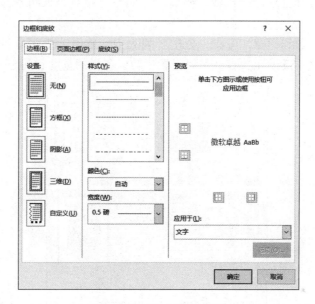

图7-80　"边框"选项卡

步骤3：在"边框"选项卡中，设置边框类型、边框线型、边框颜色、边框宽度、应用范围等属性。

步骤4：在"底纹"选项卡中，设置颜色及应用于"文字"或"段落"等属性后，单击"确定"按钮。设置好的段落边框和文字底纹效果如图7-81所示。

图7-81　设置段落边框和文字底纹效果

> **提示**：如果要取消文本或段落的边框，方法是：选中该文本或段落，在"边框"选项卡中，单击"无"选项，再单击"确定"按钮。若要取消底纹，在"底纹"选项卡中选择"无颜色"，再单击"确定"按钮。

活动2　设置分栏

分栏是指将原本正常排列的段落分为自左至右的若干栏，分栏排版被广泛应用于报纸、杂志等版面中。

[样张 7.10]

选中要分栏的文本,在"布局"选项卡→"页面设置"组中,单击"分栏"按钮,在弹出的下拉列表中选择要划分的栏数,如选择"两栏"选项,便可对选中的文本进行两栏排版。

如果要自定义栏数和栏宽,可在"分栏"列表中,单击"更多分栏"命令,打开"分栏"对话框,如图7-82所示,在此可以设置栏数、各栏的宽度和间距、分隔线等内容。

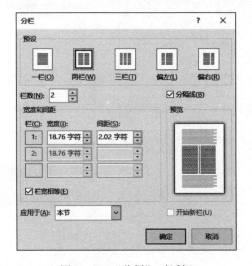

图 7-82 "分栏"对话框

活动3　设置特殊文字格式

特殊文字格式的设置主要包括首字下沉、带圈字符、拼音文字等特殊的排版方式,通常用于编排个性化的文档。

[样张 7.11]

首字下沉:将光标定位到需要设置首字下沉的段落中,在"插入"选项卡→"文本"组中,单击"添加首字下沉"按钮,在弹出的下拉列表中选择下沉样式,如"下沉"或

"悬挂"选项即可。在下拉列表中选择"首字下沉选项",弹出"首字下沉"对话框,如图 7-83 所示,在此不仅可以选择下沉样式,还可以设置字体、下沉行数以及与正文的距离等内容。

带圈字符:选中需要加圈号的文字,在"开始"选项卡→"字体"组中,单击"带圈字符"按钮字,弹出"带圈字符"对话框,如图 7-84 所示,在此选择圈号样式和圈号,单击"确定"按钮。

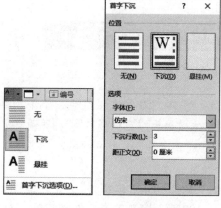

图 7-83 "首字下沉"对话框

图 7-84 "带圈字符"对话框

拼音文字:选择需要加注拼音的文字,在"开始"选项卡→"字体"组中,单击"拼音指南"按钮文,弹出"拼音指南"对话框,如图 7-85 所示,单击"组合"按钮,然后单击"确定"按钮。

☞ 技巧

Word 2016 提供了多种主题,通过应用这些文档主题可快速更改文档的整体效果,使文档的整体风格统一。设置方法是:在"布局"选项卡→"主题"组中,单击"主题"按钮,在弹出的下拉列表中,选择一种主题样式,文档的颜色和字体等效果将随之发生变化。

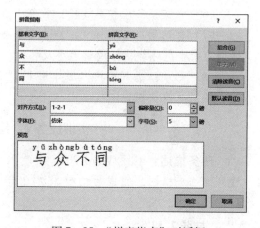

图 7-85 "拼音指南"对话框

任务拓展

实训任务 1 散文个性化排版

任务描述:对"少年中国说.docx"文档进行个性化排版,使之更美观,完成后的效果如图 7-86 所示。

任务说明:

(1) 打开"项目 7\任务 3\素材\少年中国说.docx"文档。

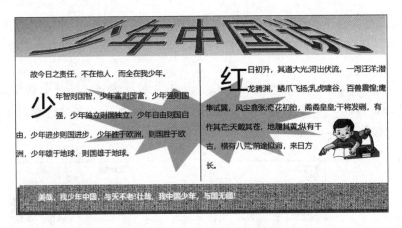

图 7-86 《少年中国说》模板

（2）标题：将"少年中国说"设置为艺术字，黑体，50号，深红色，上下型环绕；居中；形状填充为"线性对角-左上到右下"；设置文本效果为"正梯形转换"，并调整文本效果。

（3）正文：微软雅黑，四号，左对齐，首行缩进2字符，1.5倍行距。

（4）正文第1段至3段：分成两栏，有分隔线。

（5）正文第4段：插入文本框，填充效果为"纹理"→"编织物"，无轮廓线条。添加阴影效果，阴影颜色为深红色，透明度0%，大小100%，模糊2磅，角度130°，距离6磅。调整文本框大小、位置，设置为嵌入型环绕方式。设置文字为白色，加粗。

（6）正文第2段和第3段：首字下沉两行。

（7）剪贴画：参照样文，插入剪贴画文件"少年.jpg"，删除背景（白色区域），文字环绕为紧密型环绕，并调整大小及位置。

（8）形状：插入形状"爆炸形1"，淡绿色填充，无轮廓，衬于文字下方。

（9）保存文档。

实训任务2 绘制入党程序详细流程图

任务描述：利用 Word 2016 绘制入党程序详细流程图，完成后的效果如［样张7.12］所示。

［**样张7.12**］

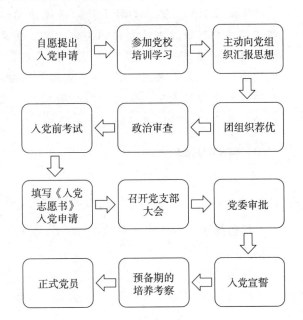

任务说明：

（1）新建一个 Word 文档，将其命名为"入党程序详细流程图.docx"。

（2）打开新建的文档，在"插入"选项卡→"插图"→"形状"组中，选择"圆角矩形""右箭头"等进行绘制，并参照样张设置各个形状的样式，四周型环绕，添加相应的文字，宋体，三号，居中。

（3）按住 Ctrl 键，拖动形状进行复制，利用"格式"→"对齐"进行形状排列。

(4) 按住 Ctrl 键，选择所有形状，利用"格式"→"组合"命令，将所有形状组合成一个图形。

(5) 保存文档。

实训任务3　制作房屋出租广告

任务描述：利用 Word 2016 制作房屋出租广告文档，如［样张 7.13］所示。

［**样张 7.13**］

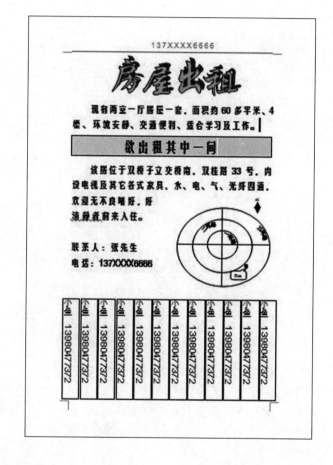

任务说明：

（1）新建一个 Word 文档，将其命名为"房屋出租广告.docx"。

（2）参照样张，输入文档内容，制作艺术字、文本框，绘制图形。

（3）完成后，保存文档并退出 Word 2016。

任务7.4 制作推荐入党积极分子登记表

任务描述

日常生活中人们经常会用到表格。表格简洁明了、直观,成为日常办公文档中经常使用的一种形式,例如,考勤表、简历表、报名表等都要使用表格。Word 2016 提供了表格制作工具,可以制作出满足各种需求的报表。

本任务是制作推荐入党积极分子登记表,其效果如[样张7.14]所示。

[样张7.14]

学生入党积极分子推荐表

姓名		性别		民族		
出生年月		入团时间			一寸照片	
现任职务		申请入党时间				
班级						
曾获得荣誉						
团支部大会推荐情况	经 年 月 日 团支部大会无记名投票,同意推荐 同学为入党积极分子,本支部共有团员 人,本次会议实到 人,同意推荐 人,不同意推荐 人,弃权 人。 团支部书记(签名): 年 月 日					
团总支审核意见	团总支书记(签名): 年 月 日					
辅导员意见	辅导员(签名): 年 月 日					
党支部意见	经 年 月 日 党支部支委会讨论,同意确定 为入党积极分子,其培养联系人由 , 两位同志担任。 党支部书记(签名): 年 月 日					

任务分析

完成该任务的操作思路如下。

步骤1：新建文档。
步骤2：创建表格。
步骤3：编辑表格。
步骤4：输入表格文字。
步骤5：设置表格格式。
步骤6：保存文档。

知识指导

活动1　创建表格

表格是由多个单元格按行、列的方式组合而成。在 Word 2016 中，创建表格可以通过插入表格和绘制表格两种方法实现。

1. 插入表格

在 Word 中插入表格有以下两种方法。

方法一：将光标定位到需要插入表格的位置，在"插入"选项卡→"表格"组中，单击"表格"按钮。在弹出的如图 7-87 所示的下拉列表中，拖动鼠标选择表格的行数和列数，单击鼠标左键后，即可在文档中插入一个表格。

方法二：在如图 7-87 所示的下拉列表中，单击"插入表格"命令，弹出"插入表格"对话框，如图 7-88 所示。在其中，可以自定义表格的行数和列数，完成后，单击"确定"按钮，即可在文档中创建表格。

图 7-87　插入表格下拉列表

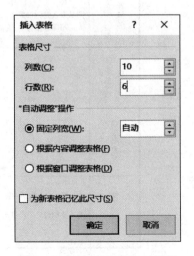

图 7-88　"插入表格"对话框

2. 绘制表格

通过自动插入创建的表格是比较规则的。那么，对于一些不规则的表格，可以通过手动绘制来创建。具体操作过程如下。

步骤1：在"插入"选项卡→"表格"组中，单击"表格"按钮。在弹出的下拉列表中，选择"绘制表格"命令。

步骤2：此时，鼠标指针变为笔状，移动鼠标到需要插入表格的位置，按住鼠标左键拖动，会出现一个虚线框，如图7-89（a）所示，到合适大小后释放鼠标，即可绘制出表格的外边框。

步骤3：按住鼠标左键从一条线的起点至终点释放，即可在表格中画出横线、竖线和斜线，如图7-89（b）所示，从而将绘制的边框分成若干个单元格，并形成各种各样的表格。

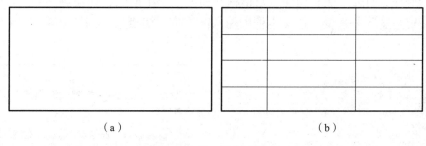

图7-89 绘制表格
（a）绘制表格外边框；（b）绘制表格行列线

提示：在手动绘制表格过程中，可以随时擦除多余的表格线，方法是，在表格工具"设计"选项卡的"绘制边框"组中单击"擦除"按钮 橡皮擦 ，再单击选择需要擦除的表格线即可。

活动2 编辑表格

表格创建后，通常需要对表格进行适当的编辑修改，如添加行列或删除行列，调整表格行高和列宽，合并或拆分单元格等。

1. 选中表格对象

在对表格进行编辑时，首先要选中表格或其中的行、列、单元格等对象。

选中整个表格：将鼠标指向表格，单击表格左上角的"十"字形箭头，即可选中表格。

选中单元格：将鼠标指向单元格左侧，光标变成右向的黑色实心箭头，单击即可选中该单元格；双击可选中一行单元格。

选中行：将鼠标移到该行的左侧，光标变成右向的空心箭头，单击即可选中一行，拖动鼠标可选中连续的多行。

选中列：把光标移到该列的上界，光标变成右下的黑色实心箭头，单击即可选中一列，拖动鼠标可选中连续的多列。

2. 调整行高和列宽

1) 使用鼠标拖动调整

将鼠标指针移到表格或单元格的边线上，鼠标指针呈现上下箭头（行边线上）或左右箭头（列边线上）形状，拖动即可调整该边线的位置，从而改变表格的行高和列宽。

> 提示：鼠标拖动方法直观、快捷，但不能精确设定行高和列宽的数值。

2) 使用表格属性调整

使用表格属性可以精确设定行高和列宽的数值。

步骤1：选中要设定尺寸的行或列，激活"表格工具"栏。

步骤2：在表格工具"布局"选项卡→"单元格大小"组的"高度"和"宽度"文本框中分别输入数值即可，如图7-90所示；或者在"布局"选项卡→"表"组中，单击"属性"按钮，打开"表格属性"对话框，如图7-91所示，切换到"行"选项卡，单击选中"指定高度"复选框，在文本框中输入高度值；切换到"列"选项卡，用同样方法进行列宽设置。

图7-90　设置行高和列宽的数值　　　　图7-91　"表格属性"对话框

> 提示：在表格的任意位置单击右键，选择快捷菜单中的"表格属性"命令，也可打开"表格属性"对话框。

3) 平均分布行和列

要使各行或各列尺寸相同，可以使用平均分布各行或各列的设置。

步骤1：选中要平均分布的行或列。

步骤2：单击表格工具"布局"选项卡→"单元格大小"组的"分布行"或"分布列"命令，即可在所选行或列之间平均分布高度和宽度。

4) 自动调整表格

选中表格,在表格工具"布局"选项卡→"单元格大小"组中,单击"自动调整"按钮,在下拉列表中,选择"自动调整"选项即可,如图7-92所示。

3. 插入、删除行/列

1)插入行/列

将光标置于要插入行/列的单元格中,在表格工具"布局"选项卡→"行和列"组中,单击"在下方插入"等按钮,或直接单击所选行左下方的⊕按钮,如图7-93所示,即可插入相应的行。插入列的方法与插入行的方法类似。

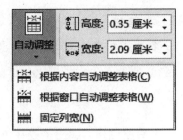

图7-92 自动调整表格

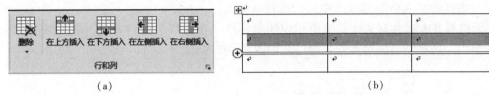

(a)　　　　　　　　　　　　　　　(b)

图7-93 插入行/列

(a)"行和列"组中的按钮;(b)所选行左下方的⊕按钮

☞ **技巧**

在插入行时,选中几行就可以插入几行,插入列的操作也如此。

2)删除行/列

先选择需要删除的行/列,然后在表格工具"布局"选项卡→"行和列"组中,单击"删除"按钮,在弹出的下拉列表中,选择相应的删除选项即可。或者选择需要删除的行或列后,在右键菜单中选择"删除行"或者"删除列"命令,也可以快速进行删除操作。

4. 合并或拆分单元格

合并单元格是将两个或多个相邻单元格合并成一个单元格,拆分单元格是将一个单元格拆分成多个单元格。

1)合并单元格

选中要合并的单元格,在表格工具"布局"选项卡→"合并"组中,单击"合并单元格"按钮,或者在右键菜单中,选择"合并单元格"命令,均可将选中的单元格合并为一个大的单元格。

2)拆分单元格

将光标定位在要拆分的单元格中,在表格工具"布局"选项卡→"合并"组中,单击"拆分单元格"按钮,或者在右键菜单中,选择"拆分单元格"命令,打开"拆分单元格"对话框,如图7-94所示,设置列数和行数后单击"确定"按钮,即可将选中的单元格拆分为多个单元格。

图7-94 "拆分单元格"对话框

> **提示**：在拆分表格时，将光标定位于要拆分的行上，在表格工具"布局"选项卡→"合并"组中，单击"拆分表格"按钮，或者按 Ctrl + Shift + Enter 组合键，将在当前行处将表格拆分成上下两个表格。

活动3　设置表格格式

表格创建后，除了要在单元格中输入文字并设置字符格式外，通常还会涉及表格对齐方式、边框和底纹以及表格自动套用格式等方面的设置。

1. 设置表格对齐方式

表格对齐方式包括左对齐、居中和右对齐3种，设置时先选中整张表格，然后在"表格属性"对话框的"表格"选项卡中进行设置即可。

单元格对齐方式共有9种。选中相应的单元格，在表格工具"布局"选项卡→"对齐方式"组中，选择需要的对齐方式即可。如图7-95所示。

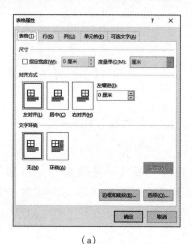
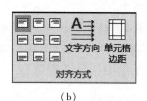

(a)　　　　　　　　　　　　(b)

图7-95　表格、单元格对齐方式
(a) 设置表格对齐方式；(b) 设置单元格对齐方式

2. 设置表格边框和底纹

创建表格后，一般默认效果是黑色、细实线边框、无底纹颜色，效果如[样张7.15]所示。合理地设置表格的边框和底纹后，可以美化表格、突出显示效果，效果如[样张7.16]所示。

[样张7.15]

2018年中国共产党党员与基层组织增长情况表

	总数（万）	比上年净增（万）
党员	9059.4	103.0
基层组织	461.0	3.9

[样张 7.16]

2018 年中国共产党党员与基层组织增长情况表

数量 名称	总数（万）	比上年净增（万）
党员	9059.4	103.0
基层组织	461.0	3.9

具体操作过程如下。

步骤 1：选中整张表格，在表格工具"设计"选项卡→"表格样式"组中，单击"边框"右侧的下拉按钮，在弹出的列表中选择"边框和底纹"命令，打开"边框和底纹"对话框，选择设置栏中的"虚框"，在颜色栏中选择"蓝色"，在宽度栏中选择"1.5 磅"，同时在对话框右侧预览设置的效果，如图 7-96 所示，最后单击"确定"按钮。

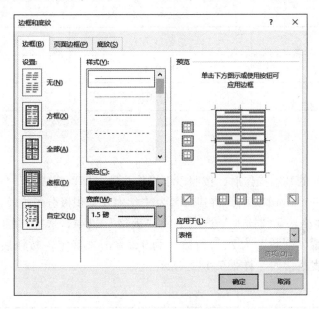

图 7-96 设置表格边框

步骤 2：选中表头行，在表格工具"设计"选项卡→"表格样式"组中，单击 底纹 右侧的下拉按钮，在弹出列表的"标准色"中选择"黄色"。

步骤 3：将光标定位到任意单元格，在表格工具"设计"选项卡→"边框"组中，选择线型"双线"，在"笔颜色"列表中选择"红色"，如图 7-97 所示。

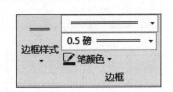

图 7-97 绘制表头行下框线

步骤 4：单击表格工具"布局"选项卡→"绘制表格"按钮。此时，鼠标指针将变为笔头形状，移动鼠标到表头行下框线上，按住鼠标左键拖动，即可将黑色细实线修改为红色双线。完成后，按 Esc 键退出表格绘制状态。

步骤 5：将光标移到第 1 行第 1 列单元格中，在表格工具"设计"选项卡→"边框"组中,先选择"实线、0.25磅、蓝色"线型,再单击"边框"右侧的下拉按钮,在弹出的列表中选择"斜下框线"命令,即可在该单元格添加斜线表头。为了能输入双行文字,在该单元格内按 Enter 键,然后输入文本"名称"和"数量"。

步骤6:为第1行第1列单元格之外的单元格设置"水平居中"对齐,到此完成[样张7.16]的制作。

3. 套用表格样式

Word 2016 提供了许多美观的表格样式,套用这些样式可以快速格式化表格外观。选中整个表格,在表格工具"设计"选项卡→"表格样式"组中选择一种适合的样式,即可将其应用于所选表格。对上述[样张 7.15]表格应用表格样式"网络表"的"网格表 5 深色 – 着色 3"后,得到[样张 7.17]所示效果。

> 提示:应用表格样式后,在表格中需要重新绘制斜线表头。

[样张 7.17]

	总数(万)	比上年净增(万)
党员	9059.4	103.0
基层组织	461.0	3.9

任务实施

学习了表格制作的基本操作后,按照以下操作步骤,即可完成学员信息卡表格的制作。

步骤1:新建一个 Word 文档,将其命名为"学生入党积极分子推荐表.docx"。

步骤2:插入表格。在"插入"选项卡→"表格"组中,选择"插入表格"命令,在打开的对话框中设置"列数"为7、"行数"为9,单击"确定"按钮后,即可在文档中插入一个7列9行的表格,如[样张 7.18]所示。

[样张 7.18]

项目 7　Word 2016 文档制作与排版

步骤 3：为便于操作，首先完成部分文字输入，再合并单元格。合并单元格的操作方法是，先选中要合并的两个或多个单元格，然后在右键菜单中选择"合并单元格"命令，或者，单击表格工具"布局"选项卡中的"合并单元格"，选中其他要合并的单元格，按 F4 键可快速重复上一步操作，如［样张 7.19］所示。

［**样张 7.19**］

姓名		性别		民族		
出生年月		入团时间				
现任职务		申请党时间				
班级						
曾获得荣誉						
团支部大会推荐情况						
团总支审核意见						
辅导员意见						
党支部意见						

步骤 4：完成其他文字输入，如［样张 7.20］所示。

［**样张 7.20**］

姓名		性别		民族		
出生年月		入团时间			一寸照片	
现任职务		申请入党时间				
班级						
曾获得荣誉						
团支部大会推荐情况	经　　年　　月　　日　　　　　　团支部大会无记名投票，同意推荐　　　　同学为入党积极分子。本支部共有团员　人，本次会议实到　人，同意推荐　人，不同意推荐　人，弃权　人。 　　　　　　　　　　　团支部书记（签名）：　　　　　　　　年　月　日					
团总支审核意见	团总支书记（签名）：　　　　　　　　年　月　日					
辅导员意见	辅导员（签名）：　　　　　　　　　　年　月　日					
党支部意见	经　　年　　月　　日　　　　　　党支部支委会讨论，同意确定　　　　　为入党积极分子，其培养联系人由　　　　　　　，　　　　　两位同志担任。 　　　　　　　　　　　党支部书记（签名）：　　　　　　　　年　月　日					

步骤5：移动鼠标至表格右下角，拖动"□"适当调整表格大小，以适应页面大小。

步骤6：设置外框线为粗实线，内框线为细实线。在表格工具"设计"选项卡→"表格样式"组中，单击"边框"右侧的下拉按钮，在弹出的列表中选择"边框和底纹"命令，打开"边框和底纹"对话框，选择"样式"中的"实线"，宽度选择"1.5磅"，在"预览"选项组单击外框线处；再选择"0.5磅"，单击内框线处，同时在对话框右侧预览设置的效果，如图7-98所示，最后单击"确定"按钮。

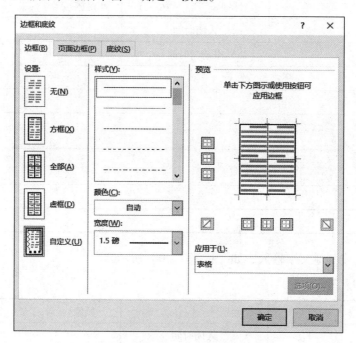

图7-98　设置边框和底纹

步骤7：设置文本格式。选中需要竖排的文字，在表格工具"布局"选项卡中，单击"文字方向"按钮，设置文字方向。选中相应文字，设置字体与段落格式。

步骤8：设置单元格对齐方式。选中单元格，在表格工具"布局"选项卡中，选择"水平居中"对齐方式。

步骤9：添加表格标题。单击表格左上角的"十"字形箭头，按住鼠标左键向下拖动，将表格向下适当移动，然后在表格上方添加标题文字，并设置文本格式。

步骤10：保存文档。

知识拓展

活动1　文本与表格的转换

在Word 2016中，可以快速将文本内容转换成表格，也可以将表格转换成文本。

文本转换为表格：选中需要转换的文本，然后在"插入"选项卡→"表格"组中，单击"文本转换成表格"命令，打开如图7-99所示的对话框，在其中设置表格的列数和行数后单击"确定"按钮，即可出现一个规则的表格。

表格转换为文本：选中整个表格，在表格工具"布局"选项卡→"数据"组中单击

"表格转换成文本"按钮,打开如图 7-100 所示的对话框,选中所需的文字分隔符前的单选按钮,再单击"确定"按钮即可。

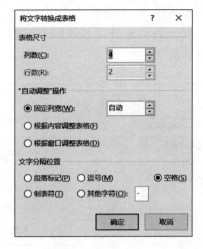

图 7-99 "将文字转换成表格"对话框

图 7-100 "表格转换成文本"对话框

活动 2　表格数据计算

1. 单元格引用

在进行表格数据计算时,需要引用单元格,单元格是通过单元格名称被引用的。在 Word 表格中,单元格名称用字母表示的列和数字表示的行来标识,标识方法如图 7-101 所示。

常见的单元格引用格式如下。

(1) A1:A3,引用了 A1、A2、A3 这 3 个连续的单元格。

(2) A1:C1,引用了 A1、B1、C1 这 3 个连续的单元格。

(3) A1:C3,引用了 A1 到 C3 矩形范围内的全部单元格。

图 7-101　单元格引用

2. 公式和函数

在 Word 表格中,可以通过公式或函数进行数据计算,以[样张 7.21]所示的"2016—2018 年学历教育毕业生数"为例,下面介绍其操作方法。

[样张 7.21]

2016—2018 年学历教育毕业生数

	2016 年	2017 年	2018 年	平均值
博士毕业生数(万人)	5.5011	5.8032	6.0724	
硕士毕业生数(万人)	50.8927	52.0013	54.3644	
普通本科毕业生数(万人)	374.3680	384.1839	386.8358	
普通专科毕业生数(万人)	329.8000	351.6000	366.4729	
中等职业教育毕业生数(万人)	533.6000	496.9000	487.2763	
总计				

计算总计：将光标定位到 B8 单元格（表格内第 2 列第 7 行）中，在表格工具"布局"选项卡→"数据"组中，单击"公式"按钮 f_x，打开"公式"对话框，如图 7 – 102（a）所示。此时，"公式"文本框中默认为"= SUM(ABOVE)"，意思是当前单元格的值等于上面所有数据的和，单击"确定"按钮完成计算。其他列的总计可按 F4 键快速计算得出。"编号格式"为 0.0000，表示小数点后保留 4 位有效数字。

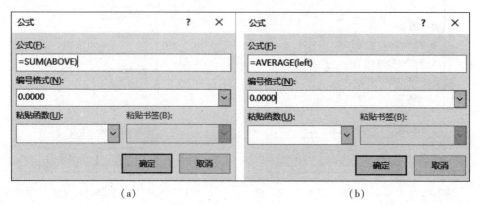

图 7 – 102　"公式"对话框
(a) 计算求和；(b) 计算平均值

提示：一季度总计也可以用公式"= B2 + B3 + B4"进行计算。

计算平均值：将光标移到 E3 单元格（表格内第 5 列第 2 行）中，在表格工具"布局"选项卡→"数据"组中，单击"公式"按钮 f_x，打开"公式"对话框，将"公式"文本框内容修改为"= AVERAGE(left)"，如图 7 – 102（b）所示，意思是当前单元格的值等于左边所有数据的平均值，单击"确定"按钮完成计算。

输入"="后，AVERAGE() 函数也可以在"粘贴函数"下拉列表框中选择，其他平均值可用同样的方法或者按 F4 键来进行计算，全部计算完成后，"2016—2018 年学历教育毕业生数"表格如［样张 7.22］所示。

[样张 7.22]

2016—2018 年学历教育毕业生数

	2016 年	2017 年	2018 年	平均值
博士毕业生数（万人）	5.5011	5.8032	6.0724	5.7922
硕士毕业生数（万人）	50.8927	52.0013	54.3644	52.4195
普通本科毕业生数（万人）	374.3680	384.1839	386.8358	381.7959
普通专科毕业生数（万人）	329.8000	351.6000	366.4729	349.2910
中等职业教育毕业生数（万人）	533.6000	496.9000	487.2763	505.9254
总计	1294.1618	1290.4884	1301.0218	1295.2240

提示：Word 的主要功能在于文字处理方面，其表格数据的计算功能远不及 Excel 电子表格强大，因此，对于复杂的表格计算操作，还是使用 Excel 处理更加方便、高效。

任务拓展

实训任务1　制作工作计划进度表

任务描述：为公司制作"年度工作计划进度表"，其效果如［样张7.23］所示。
任务说明：本表格制作可参照"任务7.4"中表格的制作思路完成。

［样张7.23］

年度工作计划进度表

完成时间 月份		1	2	3	4	5	6	7	8	9	10	11	12	负责人
A项目	工作1				◆――――――――→									李明
	工作2					◆――――→								王鹏
	工作3	◆――――――→												张怡
	工作4	◆―――――――――――――→												张晶
	工作5		◆―――――→											刘越
B项目	工作1	◆―――→												陈飞
	工作2						◆――→							周阳
	工作3									◆―→				吴娟
备注														

实训任务2　社会消费品零售总额表

任务描述：根据提供的社会消费品零售总额统计数据，制作"2019—2020年社会消费品零售总额表"，完成后的效果如［样张7.24］所示。

［样张7.24］

2019—2020年社会消费品零售总额

统计时间	社会消费品零售总额（亿元）	社会消费品总额月度同比增长（%）	限额以上企业消费品零售额（亿元）	限额以上企业消费品零售额月度同比增长（%）
2019年1—2月	66064.0	8.0	23096.0	3.5
2019年3月	31725.7	8.7	11952.5	5.1
2019年4月	30586.1	7.2	11120.1	2.0
2019年5月	32955.7	8.6	11693.8	5.1
2019年6月	33878.1	9.8	13163.4	9.7
2019年7月	33073.3	7.6	11412.1	2.9
2019年8月	33896.3	7.5	11772.1	2.0

续表

统计时间	社会消费品零售总额（亿元）	社会消费品零售总额月度同比增长（%）	限额以上企业消费品零售额（亿元）	限额以上企业消费品零售额月度同比增长（%）
2019 年 9 月	34494.9	7.8	12835.4	3.1
2019 年 10 月	38104.3	7.2	12322.1	1.2
2019 年 11 月	38093.8	8.0	13964.7	4.4
2019 年 12 月	38776.7	8.0	15337.6	4.4
2020 年 1—2 月	52129.8	-20.5	16949.8	-23.4
2020 年 3 月	26449.9	-15.8	9984.3	-15.0
2020 年 4 月	28177.8	-7.5	10588.3	-3.2
平均值	37029.0	3.0	13299.4	0.1

任务说明：

（1）打开"项目7\任务4\素材\社会消费品零售总额.docx"文档。

（2）选中所有文本，将其转换成表格。

（3）添加标题"2019—2020年社会消费品零售总额"，设为：黑体，小三，居中。

（4）删除行，仅保留2019—2020年的数据。

（5）在表格的后面添加一行，输入平均值，并完成数值计算。

（6）为表格应用表格样式"网络表4-着色1"。

（7）设置表格各单元格对齐方式为"水平居中"对齐。

（8）保存文档。

实训任务3　制作2002—2019年全国人口统计表

任务描述： 根据"2002—2019年全国人口统计表.docx"文档，进行排版处理，完成后的效果如［样张7.25］所示。

任务说明：

（1）打开"项目7\任务4\素材\2002—2019年全国人口统计表.docx"文档。

（2）表格标题：黑体，三号，居中。

（3）标题行：仿宋，五号，加粗，浅蓝色底纹，水平居中。

（4）其他文本：仿宋，五号，水平居中。

（5）第1列宽度为1.99厘米，其他各列平均分布。

（6）第1行高度为0.85厘米，其他各行高度为0.6厘米。

（7）设置表格居中。

（8）边框：实线外框，1.5磅；实线内框，0.25磅。

（9）保存文档。

[样张 7.25]

2002—2019 年全国人口统计表

统计时间	年末人口（万人）	城镇人口（万人）	乡村人口（万人）	城镇人口占总人口比重（%）
2002 年	128453	50212	78241	39.1
2003 年	129227	52376	76851	40.5
2004 年	129988	54283	75705	41.8
2005 年	130756	56212	74544	43.0
2006 年	131448	58288	73160	44.3
2007 年	132129	60633	71496	45.9
2008 年	132802	62403	70399	47.0
2009 年	133450	64512	68938	48.3
2010 年	134091	66978	67113	49.9
2011 年	134735	69079	65656	51.3
2012 年	135404	71182	64222	52.6
2013 年	136072	73111	62961	53.7
2014 年	136782	74916	61866	54.8
2015 年	137462	77116	60346	56.1
2016 年	138271	79298	58973	57.3
2017 年	139008	81347	57661	58.5
2018 年	139538	83137	56401	59.6
2019 年	140005	84843	55162	60.6

实训任务 4　制作 2002—2019 年全国人口统计图表

任务描述：根据"2002—2019 年全国人口统计表.docx"文档，制作统计图表，完成后的效果如［样张 7.26］所示。

任务说明：

（1）打开"项目 7\任务 4\素材\2002—2019 年全国人口统计表.docx"文档。

（2）在统计表下方，插入图表，数据源为表中的前 4 列数据。

（3）图表标题设置为"2002—2019 年全国人口统计图表"。

（4）为"城镇人口"数据添加趋势线。

（5）为"乡村人口"数据添加趋势线。

（6）为"年末人口"数据添加趋势线。

（7）保存文档，效果如［样张 7.26］所示。

[样张7.26]

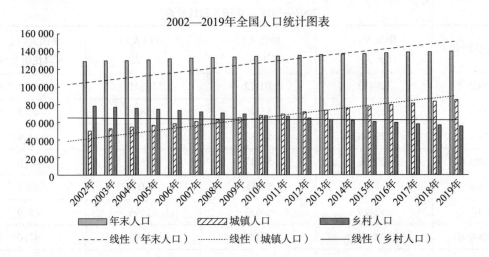

项目 7　Word 2016 文档制作与排版

任务 7.5　长文档排版

任务描述

在日常工作中，经常会遇到给长文档排版的情况，少则几页，多达几十页、上百页。长文档包括：法律、法规、政策性文件、招标书、投标书、项目计划书、产品说明书、员工手册、毕业论文等。对于这类内容较多的长文档，Word 2016 提供了样式、模板、审阅、批注、格式化封面、自动生成目录等功能，极大地提高了文档的编排效率。

"中华人民共和国宪法.docx"是一篇较为规范的文档。本任务是为该文档制作文档封面和目录，以使文档结构更加完善。其效果如［样张 7.27］所示。

［样张 7.27］

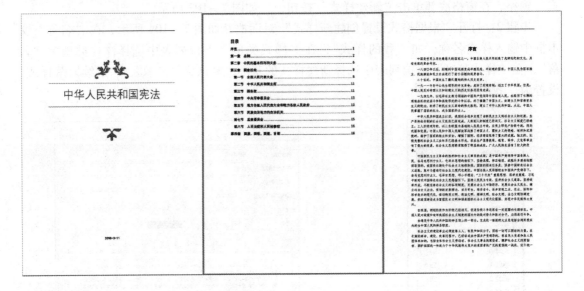

任务分析

完成该任务的操作思路如下。

步骤 1：应用样式。
步骤 2：设置分节符。
步骤 3：设置页码。
步骤 4：创建目录。
步骤 5：设置文档封面。
步骤 6：保存文档。

知识指导

活动 1　应用样式

在长文档排版中，往往需要重复设置字体、段落格式、大纲级别等，工作量较大。利用样式可以大大地提高工作效率。因此，熟练应用样式是解决长文档排版的关键。

所谓样式，就是一组已经命名的格式集合，主要包括字符格式与段落格式等。样式的应用较为简便，第一步是创建样式，第二步是在需要的段落应用样式。

应用样式的好处主要有三点，一是全文格式统一美观，二是一次修改全文更新，三是为自动生成目录创造条件。

样式分为内置样式和自定义样式。内置样式是 Word 自带的样式，如"标题 1""标题 2"等，自定义样式是用户新建的样式。不管是哪种样式，都可以根据需要进行修改与更新。

1. 新建样式

在 Word 中新建样式的操作方法如下。

步骤1：在"开始"选项卡→"样式"组中，单击"功能扩展"按钮，打开"样式"窗格，在窗格底部单击"新建样式"按钮，如图 7 - 103 所示。

步骤2：打开"根据格式设置创建新样式"对话框，如图 7 - 104 所示，在"名称"文本框中输入样式名称，如"我的样式"；在"样式类型"下拉列表中选择样式类型为"段落"；在"样式基准"下拉列表中选择新建样式的基准，默认为"正文"；"后续段落样式"设置为"我的样式"。

图 7 - 103 "样式"窗格

图 7 - 104 "根据格式设置创建新样式"对话框

步骤3：在"格式"栏中，设置为"黑体，小四，蓝色"，也可以单击左下角的"格式"按钮，在弹出的下拉菜单中设置更多的格式。

步骤4：设置完成后，单击"确定"按钮，完成新样式的创建。此时，在"样式"组中，将显示出新样式的名称。同时，文档中光标所在段落也会自动应用新样式。

2. 应用样式

应用样式的方法很简单，首先把光标移到要设置样式的段落或者选择要设置样式的文本，然后在"开始"选项卡→"样式"组中，选择所要的样式，即可将该样式应用到所选段落或文本。

3. 修改样式

创建样式后，如果对样式不满意，可以进行修改。打开"样式"窗格，鼠标指向某一样式。此时，该样式右侧将出现下拉按钮。单击下拉按钮，在弹出的下拉菜单中选择"修改"命令，在打开的"修改样式"对话框中进行修改即可。

4. 删除或清除样式

删除样式时，在"样式"窗格中单击要删除样式右侧的下拉按钮，在弹出的下拉菜单中选择"从样式库中删除"命令即可。

清除格式是指清除段落或文字中应用的样式，将其恢复成默认的正文格式。方法是将光标移到需要清除样式的段落，在"样式"窗格中单击"清除格式"选项。

活动2　设置分隔符

1. 插入分页符

当文档内容填满一页时，Word会自动开始新的一页。但是在一些特殊情况下，用户也可以在文档中插入分页符，在某个特定位置强制分页。

方法一：将光标置于要插入分页符的位置，在"插入"选项卡→"页面"组中，单击"分页"按钮。

方法二：将光标置于要插入分页符的位置，在"布局"选项卡→"页面设置"组中，单击"分隔符"按钮，在弹出的下拉列表中，单击"分页符"选项。

2. 插入分节符

文档编辑时，Word是将整个文档作为一个大章节来处理，如果想在文档不同部分采用不同的格式，比如不同的页眉页脚或页边距等，就需要用分节符将整篇文档分割成几节，分节后就可以单独设置每节的格式或版式，从而使文档的排版和编辑更加灵活。

插入分节符的方法是：将光标置于要插入分节符的位置，在"页面布局"选项卡→"页面设置"组中单击 分隔符 按钮，在弹出的下拉列表的"分节符"栏中选择一种分节方式即可。

☞ 技巧

在"开始"选项卡→"段落"组中，单击"显示/隐藏编辑标记"按钮，可以显示或隐藏段落标记、分页符及分节符等格式标记。

活动 3　插入自动目录

目录是长文档不可缺少的部分。通过目录有助于读者了解文档的基本结构。Word 2016 可根据文档章节自动生成目录，避免了手工编制目录的烦琐和容易出错的缺陷，不仅可以链接到正文，而且当文档修改使得页码变动时，可以更新目录。

1. 插入目录

在插入目录前，需要先对文档中各章节应用标题级别样式，如"标题 1""标题 2"样式等。然后，把光标移到要设置目录的位置（一般为文档最前面的空白页），在"引用"选项卡的"目录"组中，单击"目录"按钮。在弹出的下拉列表中，选择一种自动目录样式即可。如果需要设置有特色的目录，则在目录列表中选择"自定义目录"命令，打开"目录"对话框，如图 7-105 所示，在这里可以设置目录格式、制表符的类型以及目录的显示级别。

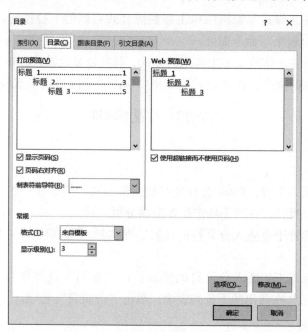

图 7-105　"目录"对话框

> **提示**：插入的自动目录实际上是一个域，在按住 Ctrl 键的同时，将鼠标指针移到目录上时，指针将变成小手形状，单击目录上的某一条目，将跳转到正文中相应的部分。

2. 编辑和更新目录

插入目录后，可以编辑目录各级标题的字体与段落格式，其方法与普通文字的格式设置方法相同。

如果文档中的标题发生了修改或者页码发生了变化，需要同步更新目录。方法是：单击插入的目录，在左上角将出现一个"更新目录"按钮，单击该按钮，弹出"更新目录"对话框。在其中，选择只更新页码或更新整个目录即可，如图 7-106 所示。

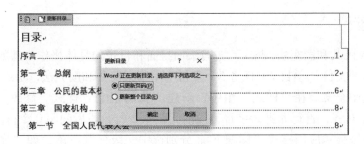

图 7-106　更新目录

> 提示：如果要删除插入的自动目录，在内置目录下拉列表中，单击"删除目录"选项即可。

活动 4　设置封面

Word 2016 为文档提供了多种内置的封面。在"插入"选项卡→"页面"组中，单击"封面"按钮，弹出下拉列表，如图 7-107 所示。在其中选择一种适合文档风格的封面。所选择的封面将被插入文档的首页。之后，在封面相应位置输入自己的信息，也可以将不需要的内容删除。

图 7-107　封面样式

> 提示：在设置封面时，无论光标在文档的什么位置，插入的封面总是位于 Word 文档的第 1 页，即封面总是会显示在文档首页。

任务实施

为"中华人民共和国宪法.docx"文档添加封面和目录的具体操作步骤如下。

步骤1:打开文件"项目7\任务5\素材\中华人民共和国宪法.docx"。

步骤2:选中全文。在"样式"组中,新建"我的正文"样式。修改"正文"样式为仿宋,五号,左对齐,首行缩进2字符,段前间距0.2行,段后间距0.2行。

步骤3:一级标题应用样式"标题1"。分别选中一级标题段落,如"序言""第一章"等,在"样式"组中,单击"标题1"样式。

修改"标题1"样式为黑体,四号,居中,段前间距1行,段后间距0.5行,无特殊格式,单倍行距,选中"自动更新"复选框。

步骤4:二级标题应用样式"标题2"。分别选中二级标题段落,如"第一节""第二节"等,在"样式"组中,单击"标题2"样式。

修改"标题2"样式为黑体,小四,左对齐,段前间距0.3行,段后间距0.2行,无特殊格式,单倍行距,选中"自动更新"复选框。

步骤5:在"视图"选项卡→"显示"组中,单击选中"导航窗格"复选框。

步骤6:插入分页符。在导航窗格依次单击一级标题,若不是新起的一页,则在前一段末尾插入分页符。这样就确保了每个一级标题是新起的一页。

步骤7:添加页码。在"插入"选项卡→"页眉和页脚"组中,单击"页码"按钮,为文档插入页码,页码位置在页面底端,水平居中。

步骤8:插入分节符。将光标移到文档最前面,在"布局"选项卡→"页面设置"组中,单击"分隔符"按钮,再单击"分节符"中的"下一页"按钮,将文档分成两节。

步骤9:修改页码,使各节单独编码。

双击第二节的页码,进入"页眉和页脚"的编辑状态。在页眉和页脚工具"设计"选项卡中,单击取消"链接到前一条页眉"设置。

在页眉和页脚工具"设计"选项卡→"页眉和页脚"组中,单击"页码"按钮,在弹出的菜单中单击"设置页码格式"命令,打开"页码格式"对话框,如图7-108所示,将页码编号切换为"起始页码"后,单击"确定"按钮。

最后,删除第一节中的页码,即目录页和封面不需要页码。

步骤10:插入目录。

将光标定位到第一节空白处,在"引用"选项卡→"目录"组中单击"目录"按钮,在下拉列表中,选择"自动目录1"格式,即可生成一个二级目录。

步骤11:插入封面。

在"插入"选项卡→"页面"组中,单击"封面"按钮,在内置封面下拉列表中选择"花丝型",封面即被插入文档的首页。之后,在封面指定位置输入标题和日期,删除其他信息,完成文档封面的制作。

步骤12:保存文档。

图7-108 "页码格式"对话框

知识拓展

活动1　拼写与语法检查

在输入文本时，经常会看到在一些字词下面出现了红色或蓝色的波浪线。这些波浪线是由"拼写和语法检查"功能产生的，能够方便用户发现拼写或语法错误。在 Word 2016 文档中，对拼写和语法进行校对的具体步骤如下。

步骤1：打开需要校对的文档。

步骤2：在"审阅"选项卡→"校对"组中，单击"拼写和语法检查"按钮，打开"语法"窗格，如图7-109所示。

步骤3：在窗格上方，以蓝色显示出 Word 认为有错误的文本，同时，自动定位到文档中第一个有语法问题的位置。下方的列表框中显示出错误类型。如果不是错误，属于特殊用法，则单击"忽略"按钮。如果确认有错误，直接在文档中进行修改即可。

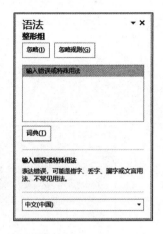

图7-109　"语法"窗格

步骤4：完成一处修改后，Word 继续查找下一处错误，一直到完成整个文档的拼写和语法检查。

活动2　批注文档

在审阅文档时，经常会用到批注功能。批注是对文档进行的注释，由批注标记、连线以及批注框构成。当需要对文档进行附加说明时，就可插入批注。可以通过定位功能查看批注。当不再需要某条批注时，也可将其删除。

批注操作方法如下。

步骤1：打开 Word 文档，将光标移到需要添加批注的后面，或者选择需要添加批注的内容。

步骤2：在"审阅"选项卡→"批注"组中，单击"新建批注"按钮，文档中将会出现批注框。在批注框中输入批注内容即可创建批注，如图7-110所示。

图7-110　输入批注

步骤3：在"审阅"选项卡→"修订"组中，单击"修订选项"按钮，弹出"修订选项"对话框，如图7-111所示。在对话框中，单击"高级选项"按钮。

步骤4：弹出"高级修订选项"对话框，设置批注的颜色。在"指定宽度"中输入数值来设置批注框的宽度。在"边距"下拉列表中，选择"右"选项，可将批注框放置到文档的右侧，完成设置后，单击"确定"按钮，如图7-112所示。

步骤5：文档中添加的所有批注都将被记录下来。在"修订"组中，单击"显示标记"按钮，选择"特定人员"选项，再单击选择相应的审阅者，设置为仅查看该审阅者添加的批注。

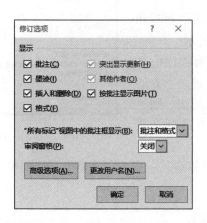

图 7-111 "修订选项"对话框

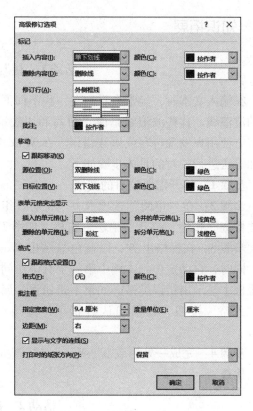

图 7-112 "高级修订选项"对话框

步骤6：在"修订"组中，单击"审阅窗格"中的"垂直审阅窗格"选项，打开"垂直审阅"窗格。在审阅窗格中，可以查看文档中的修订和批注。

步骤7：删除批注。将插入点光标移到批注框中，在"批注"组中，单击"删除"的下三角按钮，再单击"删除"选项，当前批注被删除。

活动3 添加脚注和尾注

脚注和尾注功能在平时很少使用到，常见于书籍、调研报告、科研论文等文档。脚注和尾注的作用是对文字进行补充说明。例如，在教材中，有时会看到页面底部或文章末尾会有相应的脚注或尾注。脚注一般位于页面底端，尾注一般位于文档结尾。

添加脚注：将光标移到需要添加脚注的位置，在"引用"选项卡→"脚注"组中，单击"插入脚注"按钮。在页脚的脚注序号后，输入注释内容即可。

添加尾注：在"引用"选项卡→"脚注"组中单击"插入尾注"按钮。在文档末尾的尾注位置，输入注释内容即可。

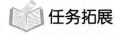
任务拓展

实训任务　毕业论文排版

任务描述： 毕业论文是对学生所学专业综合能力的检验，是学生在大学里完成的最后一项大作业，所有学校对毕业论文的格式都有着严格的要求。有位同学已经完成了毕业论文的前期编写工作。

本任务是按照论文格式规范要求，对"项目7\任务5\素材\论文排版.docx"文档进行排版。论文格式规范如下：

(1) 论文用纸一律为A4纸，纵向排列，单面打印。

(2) 页面设置：左、右、下边距都为2.1厘米，上边距为2.6厘米，装订线在左侧0.5厘米，页眉和页脚均为1.5厘米。

(3) 页眉和页码设置：页眉从摘要开始到最后一页，在每页的最上方，用5号楷体，居中排列，文字有下划线，页眉为"××××××学院毕业论文"；页码从正文开始插入，居中排列。

(4) 字符间距设置为"标准"，段落行距设置为"固定值22磅"。

(5) 论文的装订顺序如下：封面、任务书、进度表和平时考核、指导教师评语、答辩考核和设计成绩、摘要、目录、正文、致谢、参考文献。

(6) 正文用宋体小4号，正文中所有非汉字均用Times New Roman字体。

(7) 每一章另起页。章节采用三级标题，用阿拉伯数字连续编号，例如1，1.1，1.1.1。章名为一级标题，位于一页的首行居中。章名用黑体小二号，段前间距为0磅，与紧接其后的文字或二级标题间距为12磅。二级标题用宋体四号，左对齐，段前间距12磅，段后间距0磅。三级标题用黑体小四号，左对齐，段前间距12磅，段后间距0磅。

(8) 表名位于表的正上方，用宋体、小五号、粗体。

(9) 图名位于图的正下方，用宋体、小五号、粗体；图表按章编号，例如表2.7为第2章的第7个表；图3–1为第3章的第1个图。

(10) 数学公式用斜体，按章编号。

(11) 参考文献另起一页。与正文连续编排页码，"参考文献"标题居中，用黑体小二号，段前设置为0磅，段后设置为12磅，著录的内容应符合国家标准，主要格式如下：

期刊：［序号］作者（用逗号分隔）.题名.刊名,出版年,卷号：（期号），起始页码~终止页码

书籍：［序号］作者（用逗号分隔）.书名.版本号（初版不写）.出版地：出版者,出版年

论文集：［序号］作者（用逗号分隔）.题名.见（英文用In）：主编.论文集名.出版地：出版者,出版年,起始页码~终止页码

任务 7.6　批量制作录取通知书

任务描述

在文字信息处理工作中，常会遇到某些文档的主要内容相同，但具体数据有所变化的情况，比如准考证、录取通知书、请柬或信封等。这类文档处理起来工作量大，而且工作重复率高。这时，如果逐个编辑或复制修改是很麻烦的事。在 Word 中，可以使用邮件合并功能来完成此类文档的编辑，以减少重复编辑，提高办公效率。

本任务是利用邮件合并功能批量制作录取通知书。

任务分析

完成该任务的操作思路如下。

步骤 1：建立主文档。
步骤 2：准备好数据源。
步骤 3：把数据源合并到主文档中。
步骤 4：保存文档。
步骤 5：打印通知书。

知识指导

活动 1　邮件合并

邮件合并是将一个文件中的信息插入另外一个文件中，将可变的数据源和一个标准的文档相结合。邮件合并过程包括建立主文档、数据源文件和合并文档 3 个步骤。

（1）建立主文档。主文档就是固定不变的主题内容，比如录取通知书中对每个收信人都不变的内容，实际上就是一个普通的文档。为了效果美观，需要对版面进行适当的设计。

（2）建立数据源文件。数据源文件包含要合并到主文档中的数据信息，例如，录取通知书编号、姓名、学号、院系及录取专业等信息。建立数据源通常使用 Excel 工作表、Word 表格或 Access 数据库等工具。

> 提示：如果数据源是采用 Excel 工作表或 Word 表格，则要求数据源的首行必须是标题行，其他行为各条记录信息。

（3）合并文档。使用邮件合并向导，将数据源合并到主文档中，得到邮件文档，主文档生成的份数取决于数据源表中记录的个数。

活动 2　页面设置

建立新文档时，Word 已经默认了纸张大小、纸张方向和页边距等选项，但在打印文档时，为了避免文档的纸张与打印纸张类型不符，需要根据打印纸的实际情况进行相应的设置。

— 77 —

1. 设置页面方向

Word 默认的纸张方向是纵向。如果需要设置成横向，在"布局"选项卡→"页面设置"组中，单击"纸张方向"按钮，在弹出的下拉列表中，选择"横向"选项即可。

2. 设置纸张大小

Word 默认的纸张大小是 A4 纸，设置不同的纸张大小可以得到不同的打印效果。

选择标准纸型：在"布局"选项卡→"页面设置"组中，单击"纸张大小"按钮，弹出的下拉列表中提供了多种标准纸型，如 A4、B5、16K 等，根据实际情况选择相应的纸型即可。

自定义纸型：如果纸型列表中没有符合的纸型，则单击"其他纸张大小"命令，打开"页面设置"对话框的"纸张"选项卡，如图 7-113 所示。在"纸张大小"文本框中，选择"自定义大小"选项，然后在"宽度"和"高度"文本框中输入数值。

> 提示：只有在页面视图中，才可以看到页边距的效果。因此，设置页边距时，应在页面视图中进行。

3. 设置页边距

页边距是正文和页面边缘之间的距离。设置合适的页边距可以使文档在排版和打印时更加美观。另外，在页边距中还可以设置页眉、页脚和页码等文字或图形。

在"页面布局"选项卡→"页面设置"组中，单击"页边距"按钮，在下拉列表中，系统预置了一些边距设置选项，如"普通""适中"等，根据需要选择相应的选项即可。

如果列表中没有符合的边距设置，则单击"自定义边距"命令，打开"页面设置"对话框的"页边距"选项卡，如图 7-114 所示，在"页边距"栏的"上""下""左""右"

图 7-113 "纸张"选项卡

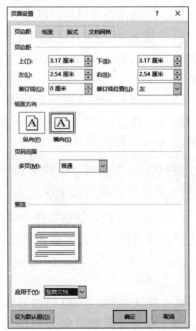

图 7-114 "页边距"选项卡

项目 7　Word 2016 文档制作与排版

文本框中输入所需的数值即可。

同时，在"纸张方向"栏中，选择"纵向"或"横向"，以决定文档页面方向。如果打印后需要装订，可以在"装订线"文本框中，输入装订线的宽度，在"装订线位置"列表中选择装订线的位置。

活动3　文档打印

在正式打印之前，先要进行打印预览。如果对预览效果不满意，还可以重新设置文档，从而避免纸张和时间的浪费。文档预览满意后，就可以对文档进行打印。

打印预览：单击"文件"选项卡→"打印"选项，即可进入打印和打印预览状态，在窗口右侧查看文档效果，如图 7-115 所示。如果发现文档还存在问题，可单击左上角的按钮 ，或者按 Esc 键，返回编辑状态继续进行修改。

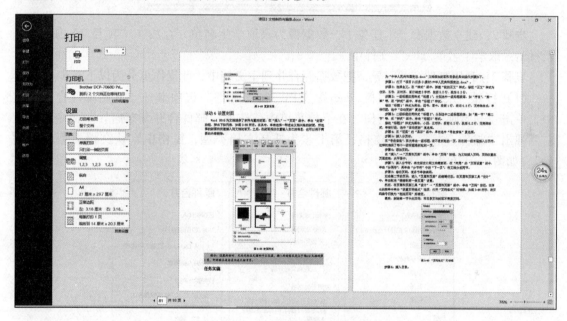

图 7-115　打印预览及打印文档

打印文档：在正式打印文档前，应准备好打印机。单击"文件"选项卡→"打印"命令，进入打印和打印预览状态。在其中选择打印机名称，设置打印页面的范围、份数等，单击"打印"按钮，打印输出文档。

☞ 技巧

打开"自定义快速访问工具栏"，选中"打印预览与打印"选项，快速访问工具栏中新增"打印预览与打印"按钮。单击该按钮，可以直接进入打印预览状态。

任务实施

批量制作录取通知书的具体操作步骤如下。

步骤1：建立主文档。新建一个 Word 文档，将其命名为"录取通知书模板.docx"，参照［样张7.28］输入文本并进行相应的格式设置，比如纸张大小、字体字号、页面边框及页面背景等。

[样张7.28]

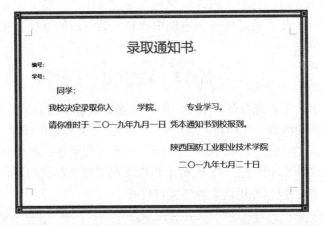

步骤2：建立数据源。本任务中，数据源为录取学生名单，存放在"项目7\任务6\素材\录取学生名单.xlsx"文件中。

步骤3：利用邮件合并向导，把数据源合并到主文档中，此操作可分为以下6步。

(1) 打开"录取通知书模板.docx"文件，在"邮件"选项卡→"开始邮件合并"组中，单击"开始邮件合并"按钮。在下拉菜单中，选择"邮件合并分布向导"命令，窗口右侧弹出"邮件合并"任务窗格，第1步为选择文档类型，窗格中默认文档类型为"信函"，如图7-116（a）所示。

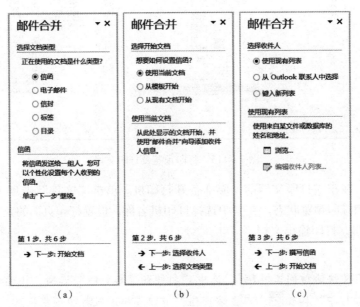

图7-116 "邮件合并"向导步骤1~3

(2) 单击"下一步：开始文档"链接，进入第2步（选择开始文档），保持默认选项"使用当前文档"不变，如图7-116（b）所示。

(3) 单击"下一步：选择收件人"链接，进入第3步（选择收件人），选择"使用现有列表"单选按钮，如图7-116（c）所示。再单击"浏览…"链接，弹出"选取数据源"

对话框,选择"项目7\任务6\素材\录取学生名单.xlsx",如图7-117所示,单击"打开"按钮,在"选择表格"对话框中,单击"确定"按钮,在"邮件合并收件人"对话框(如图7-118所示)中,单击"确定"按钮。

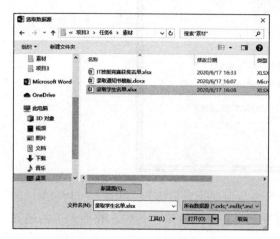
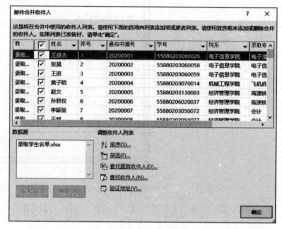

图7-117　选取数据源文件　　　　　　图7-118　选取收件人

(4) 单击"下一步:撰写信函"链接,进入第4步(撰写信函),如图7-119 (a) 所示。此时,先将光标移到主文档的"编号:"后面,单击任务窗格中的"其他项目"链接,打开"插入合并域"对话框,在其中选择"通知书编号"域,单击"插入"按钮,单击"关闭"按钮,完成第一个合并域。

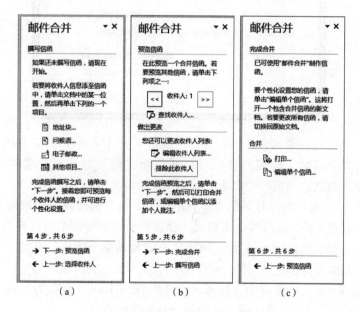

图7-119　"邮件合并"向导步骤4~6

用同样的方法在主文档中插入"学号""姓名""院系""录取专业"域,全部插入后,主文档效果如[样张7.29]所示。

[样张7.29]

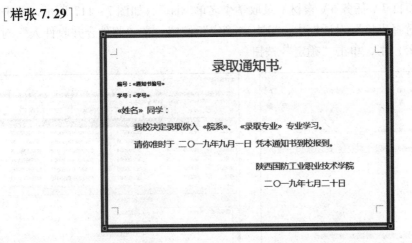

(5) 单击"下一步:预览信函"链接,进入第5步(预览信函),如图7-119(b)所示。单击"预览信函"栏中的 和 按钮,可预览合并后的效果。其中,收件人1的通知书效果如[样张7.30]所示。

[样张7.30]

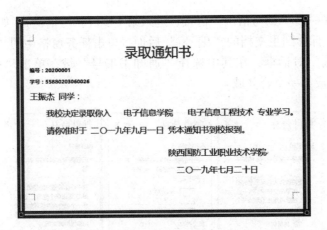

(6) 单击"下一步:完成合并"链接,进入第6步(完成合并),如图7-119(c)所示。单击"编辑单个信函"链接,打开"合并到新文档"对话框,选中"全部"单选按钮,单击"确定"按钮,生成一个名为"信函1"的新文档。

检查"信函1",如果发现有录取通知书超出了1页,则回到"录取通知书模板.docx"进行修改,例如删除空格,或改变文本格式,保证每个录取通知书只占1页。

修改"录取通知书模板.docx"后,再次单击"编辑单个信函"按钮,再次预览合并的信函效果,修改到满意为止。

(7) 在"信函1"文档窗口中,选择"文件"选项卡→"另存为"命令,输入文件名"录取通知书.docx",保存合并文档。录取通知书制作完成。

(8) 单击"文件"选项卡→"打印"命令,设置打印参数后,单击"打印"按钮,即可打印出纸质的录取通知书。

(9) 保存"录取通知书模板.docx"。

知识拓展

活动　邮件合并的用途

邮件合并主要应用在以下领域：
（1）批量打印准考证、明信片、信封、信件。
（2）批量打印学生成绩单。
（3）批量打印工资条。
（4）批量打印请柬。
（5）批量打印各类证书。

 任务拓展

实训任务　制作获奖证书

任务描述：利用 Word 2016 的邮件合并功能，批量制作 IT 技能竞赛的获奖证书。

任务说明：

（1）新建"获奖证书模板.docx"，作为邮件合并的主文档。

（2）在"获奖证书模板.docx"中，设计并制作获奖证书，具体格式要求如下。效果如［样张7.31］所示。

①页面设置为 B5 纸，方向为横向，上/下/左/右页边距各为 3 厘米。

②"荣誉证书"格式为隶书、初号、加粗、居中对齐。

③"同学"格式为首行无缩进、楷体、小一号字。

④正文格式为首行缩进 2 字符、楷体、二号字、1.5 倍行距。

⑤落款为"计算机与软件学院"，并填上日期，格式为楷体、小二号字。

［样张7.31］

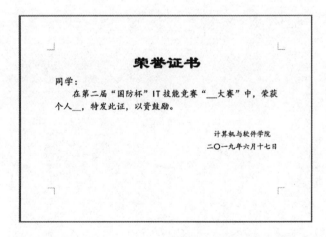

（3）新建一个 Word 文档，将其命名为"获奖结果.docx"，将该文档作为邮件合并的数据源。

（4）参照［样张7.32］，在"获奖结果.docx"中进行表格编辑，编辑完成后保存该文档。

[**样张7.32**]

序号	姓名	奖项	参赛项目
1	王文琪	一等奖	中英文速录
2	李强强	二等奖	中英文速录
3	贺亚哲	三等奖	中英文速录
4	张海龙	一等奖	网页设计
5	奚文祥	二等奖	网页设计
6	赵思源	三等奖	网页设计
7	赵珊珊	一等奖	板报设计
8	陈俊洋	二等奖	板报设计
9	陈兆晨	三等奖	板报设计
10	张与超	三等奖	板报设计

（5）在主文档中打开数据源，插入相应的"插入域"。

（6）进行邮件合并，保存合并后的新文档，命名为"获奖证书.docx"。

项目 8

电子表格制作与数据处理

项目引导

Excel 2016 是一款功能强大的电子表格制作软件,它集数据表格、数据计算与统计、图表等为一体,能满足人们很多日常工作需求。尤其是具有强大的计算功能,在财务、统计、数据分析和预测领域的应用极为广泛。本项目通过使用 Excel 2016 制作学生党员志愿者情况统计表、修饰学生党员志愿者情况统计表、对学生党员志愿者成绩表进行计算与统计、进一步对商品销售数据进行整理与分析及打印员工信息表等工作任务的完成,介绍在 Excel 环境中表格的制作及美化、数据计算与统计分析、图表的制作等数据处理的基本操作。

知识目标

- 了解创建工作表的方法
- 掌握数据输入的方法
- 掌握工作表的编辑美化方法
- 掌握用公式和函数进行数据计算的方法
- 掌握排序、筛选、分类汇总及合并计算等数据管理方法
- 掌握图表的制作及美化方法
- 掌握工作表的页面设置与打印方法

技能目标

- 会制作普通的电子表格
- 会输入各种工作表数据
- 能对工作表进行编辑美化
- 能使用公式进行数据计算
- 能使用常用函数进行数据计算
- 会对工作表数据进行排序和筛选
- 会对工作表数据进行分类汇总和合并计算
- 会制作数据图表
- 能完成工作表的打印

项目 8　电子表格制作与数据处理

任务 8.1　制作学生党员志愿者情况登记表

任务描述

使用 Excel 2016 制作学生党员志愿者情况登记表，其效果如图 8-1 所示。

图 8-1　学生党员志愿者情况登记表效果

任务分析

完成该任务的操作思路如下。
步骤 1：新建 Excel 工作簿。
步骤 2：输入工作表数据。
步骤 3：编辑单元格数据。
步骤 4：工作表更名。
步骤 5：备份工作表。
步骤 6：保存和关闭工作簿。

知识指导

活动 1　新建 Excel 工作簿

1. 新建工作簿

新建 Excel 工作簿常用以下方法。
（1）启动 Excel 2016，在打开的界面中选择"空白工作簿"选项，系统自动创建名为"工作簿 1"的工作簿。
（2）在桌面空白处单击鼠标右键，在弹出菜单中选择"Microsoft Excel 工作表"命令，

— 87 —

即可新建一个工作簿文件。

（3）Excel 2016 启动后，单击"文件"选项卡→"新建"选项，在"新建"窗口中，用户可以选择不同的工作簿模板，也可以选择"空白工作簿"，来新建一个空白的工作簿。

2. Excel 2016 的工作界面

启动 Excel 2016，进入 Excel 2016 的工作环境，其窗口组成如图 8-2 所示。Excel 2016 窗口中的快速访问工具栏、文件选项、功能区等类似于 Word 2016，这里不再赘述。下面主要介绍 Excel 特有的基本概念及主要窗口组成。

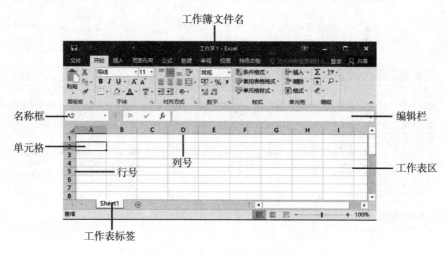

图 8-2　Excel 2016 窗口组成

工作簿：是指 Excel 2016 中用来存储和处理数据的文件，其扩展名为".xlsx"。Excel 给新建的工作簿自动命名为"工作簿 1""工作簿 2"……，存盘时用户可重新赋予工作簿有意义的名字。

工作表：是用于输入、编辑、显示和分析数据的表格，由行和列构成。窗口中间最大的区域就是工作表区，是放置表格内容的地方。一个工作簿文件最多可以包含 255 张工作表，而每个工作表有 1 048 576 行和 16 384 列。一个新建的工作簿默认有 1 个工作表，即"Sheet1"。

列号：以字母或字母组合命名，如 A、B、C……，AA、AB、AC…，XFD，等等。

行号：以数字 1、2、3……命名。

单元格：用于输入数据的区域，每个单元格用列号和行号来表示，如"A1"单元格。带有黑色粗框的单元格是当前活动单元格，可对该单元格进行编辑操作。

名称框：显示当前单元格的名称。

编辑栏：用于显示和编辑活动单元格中的数据公式和函数的区域。

工作表标签："Sheet1"是默认的工作表标签。每个工作表具有一个标签，工作表标签是工作表的名称，单击工作表标签，该工作表即为当前工作表。

活动 2　输入工作表数据

在 Excel 工作表中可以输入各种类型的数据，如文字、数值、时间和日期等。

1. 文本型数据的输入

文本型数据包括汉字、英文字符、数字以及其他可显示的符号，文本通常不参与计算。输入时，先选中活动单元格，然后输入即可，默认情况下，文本在单元格是左对齐的。

☞ 操作技巧

对于全部由数字组成的字符串，如身份证号、邮政编码、电话号码等，为了避免 Excel 将其认定为数值型数据，可采用两种方法，一是在数字串前加单引号"'"（英文状态下的单引号）；二是先将单元格的数字格式设置为"文本"，然后再输入。

例如：在输入身份证号"610125199601051234"时，输入形式为"'6101251199601051234"；输入编号"001"时，输入形式为"'001"。

2. 数值型数据的输入

单元格能接受的数值有整数、小数、分数和科学计数数值。默认情况下，数值在单元格中右对齐。

☞ 操作技巧

在输入分数时，如1/8，应先输入0和一个空格，再输入分数1/8，若直接在单元格中输入1/8，Excel 会将其当作日期处理，显示为1月8日。

3. 日期和时间的输入

Excel 工作表中的日期和时间均按数值处理。输入日期时，中间可用"-"或"/"分隔，如"2020/5/1"或"2020-5-1"。

输入时间时，小时和分秒之间用冒号分隔，如"9:30"。

☞ 操作技巧

输入数据时，按 Ctrl + ;（分号）键，可快速获取当前日期；按 Ctrl + :（冒号）键，可快速获取当前时间。

4. 自动填充数据

当输入的数据序列具有一定规律时，比如相同数据或等差序列，可以使用 Excel 的自动填充功能快速完成输入。

1）填充相同数据

（1）在第一个单元格中输入数据，如"1"。

（2）将鼠标指向单元格右下角的填充柄（黑色小方块），此时鼠标指针变成黑色十字形，按住鼠标左键向下拖动，到需要填充数据的最后一个单元格时释放鼠标左键。

2）填充等差序列数值

如果要在单元格输入类似"1、2、3、…"的数列，操作方法为：

（1）在单元格输入第一个数据"1"。

（2）将鼠标移到填充柄上，按住 Ctrl 键不放，同时拖动鼠标左键，这时鼠标右上方会出现一个小加号，到需要填充数据的最后一个单元格时释放鼠标左键。

数据输入的效果如图8-3所示。

	A	B	C	D	E	F	G	H
1	1	甲	星期一	党员	1	1	100	001
2	1	乙	星期二	党员	2	3	98	002
3	1	丙	星期三	党员	3	5	96	003
4	1	丁	星期四	党员	4	7	94	004
5	1	戊	星期五	党员	5	9	92	005
6	1	己	星期六	党员	6	11	90	006
7	1	庚	星期日	党员	7	13	88	007

图8-3 数据的自动填充

3）使用"填充"按钮

工作表中有规律数据的输入还可以使用"填充"按钮完成。

（1）填充相同数据。

在第一个单元格D1中输入数据，如"党员"。

选中要填充的单元格区域（如D1∶D7），单击"开始"选项卡→"编辑"组中的"填充"按钮，在下拉列表中选择"向下"命令，如图8-4所示，就会在选中的单元格中均填入"党员"。

（2）输入等比序列。

选中填充的区域，在"填充"下拉列表中选择"序列"命令，打开"序列"对话框，如图8-5所示，在其中可以设置序列产生的方向、选择填充类型以及步长值和终止值。

图8-4 "填充"下拉菜单

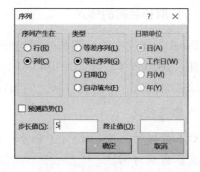

图8-5 "序列"对话框

> 提示：如果要在一个单元格中输入多行数据，则在输入完一行后，按Alt+Enter键换行，然后输入下一行数据。

活动3 编辑单元格数据

1. 选定单元格及区域

在编辑单元格数据时，首先要选中操作的对象。

选中单个单元格：单击要选中的单元格，被选中的单元格四周出现黑框，同时，单元格的地址出现在名称框中，内容则显示在编辑栏中。

选中连续单元格区域：单击第一个单元格，然后按住鼠标左键并拖动到单元格区域的最后一个单元格后释放鼠标左键即可。

选中不连续单元格区域：先选中一个单元格区域，然后按住 Ctrl 键不放，再选择其他单元格区域。

2. 编辑单元格内容

1）修改单元格内容

修改单元格内容时，双击单元格，将光标定位在单元格中，然后移动光标到所需修改的位置。

2）删除单元格内容

方法一：选中要清除的单元格或单元格区域，按 Delete 键，或者在右键菜单中选择"清除内容"命令。此方法只能清除所选区域内的数据，而不能清除格式。

方法二：选中要清除的单元格或单元格区域，在"开始"选项卡→"编辑"组中单击"清除"按钮，在弹出菜单中选择"全部清除"命令，如图 8-6 所示，则会把选中区域原有的格式、内容、批注及超链接全部清除。如果选择"全部清除"以外的命令，则只是清除选中的那项内容。

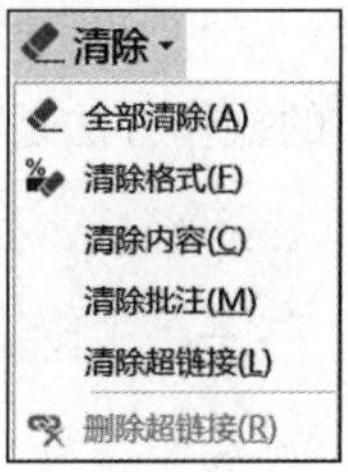

3）复制或移动单元格内容

可以通过剪贴板或直接拖动的方式，完成对选定内容的复制或移动操作。

图 8-6 "清除"下拉菜单

复制：选中要复制内容的单元格区域，在右键菜单中选择"复制"命令，然后选中目标单元格，在右键菜单中选择"粘贴"命令。

移动：选中要移动内容的区域，将鼠标移到选区边上，指针会变成四角十字形状，按住左键拖动，这时会看到一个虚框，到目标位置后释放鼠标即可。当然，也可通过"剪贴"和"粘贴"命令完成。

3. 单元格合并后居中

相邻的多个单元格可以合并成一个较大的单元格，方法是：选择需要合并的单元格，然后在"开始"选项卡→"对齐方式"组中单击"合并后居中"按钮，将使所选区域合并成一个单元格，在新单元格中，数据居中对齐。单击"合并后居中"右侧的下拉按钮，弹出如图 8-7 所示菜单，在这里可以设置多种单元格合并方式。

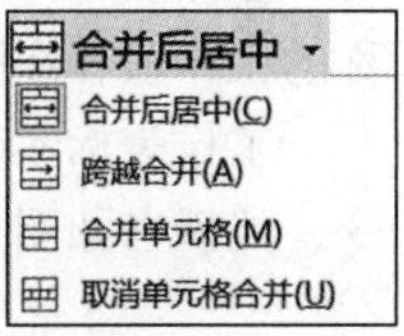

图 8-7 合并单元格菜单

活动 4 行列的操作

1. 选定整行或整列

将鼠标指针移到要选行的行号处，待鼠标指针变为➡形状时，单击鼠标左键即可选中整行，此时按住左键向上或者向下拖动，可连续选中多行。

将鼠标指针移到要选列的列号处，待鼠标指针变为⬇形状时，单击鼠标左键即可选中整列，此时按住左键向左或者向右拖动，可连续选中多列。

2. 插入行或列

选中一行，在"开始"选项卡→"单元格"组中选择"插入工作表行"，即可在选中行前插入一行，或者右击行号，在快捷菜单中选择"插入"命令，也可以插入一行。如果要插入多行，只要在选中时多选几行就可以，所选的行数与要插入的行数相同。

插入列的操作与插入行类似。

3. 删除行或列

选中要删除的行或者列，在行号或列标上单击鼠标右键，在弹出的快捷菜单中选择"删除"即可。

4. 隐藏列或行

当工作表行列数据太多时，可以把暂时不用的行或列隐藏起来，以方便查看。隐藏行列的操作方法是，选中要隐藏的列或者行，在右键菜单中选择"隐藏"命令即可。

> 提示：如果要取消隐藏，先选择包括已隐藏行（或列）在内的行（或列），再执行快捷菜单中的"取消隐藏"命令。

活动 5　工作表标签操作

一个新建的工作簿默认有 1 个工作表，即"Sheet1"，用户可根据需要增加或删除工作表，也可对现有工作表进行重命名、复制、移动等操作。

选择单个工作表：直接单击工作表标签可选择单个工作表。

插入工作表：单击工作表标签右侧的"新工作表"按钮 ⊕，即可插入一张新工作表。

删除工作表：右键单击要删除的工作表标签，弹出如图 8－8 所示快捷菜单，单击"删除"命令即可。

复制工作表：单击要复制的工作表标签，按住 Ctrl 键，同时拖动工作表标签到目标位置，即可复制工作表。

移动工作表：单击要移动的工作表标签，然后按下鼠标左键，将其拖动到目标位置后释放。

工作表重命名：双击工作表的标签栏，然后输入工作表的名称，或者右键单击要更改名称的工作表，在弹出的菜单中选择"重命名"命令，即可输入新的工作表名称。

工作表标签颜色：右键单击工作表标签，在弹出的菜单中单击"工作表标签颜色"命令，然后在如图 8－9 所示的颜色框中选择所需颜色。

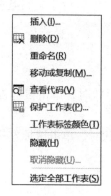

图 8－8　工作表快捷菜单

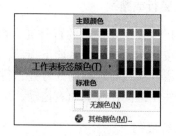

图 8－9　工作表标签颜色

项目 8　电子表格制作与数据处理

🖋 任务实施

创建学生党员志愿者情况登记表时，可按以下步骤操作完成。

步骤 1：新建 Excel 工作簿。

在桌面空白处单击鼠标右键，在弹出的快捷菜单中选择"新建"→"Microsoft Excel 工作表"命令，即可新建一个工作簿文件，把默认的文件名更改为"学生党员志愿者情况登记表.xlsx"。

步骤 2：输入工作表数据。

双击打开"学生党员志愿者情况登记表.xlsx"，在 Sheet1 工作表中录入学生的各项数据。"序号"采用自动填充录入，"学号"和"身份证号"及"电话号码"以文本型数据录入，"政治面貌"和"籍贯"中的相同数据也采用自动填充录入。结果如［样张 8.1］所示。

［**样张 8.1**］

	A	B	C	D	E	F	G	H	I	J	K	L
1	学生党员志愿者情况登记表											
2	序号	班级	学号	姓名	性别	部门	政治面貌	籍贯	民族	身份证号码	联系电话	建档立卡
3	1	机电3171	23317607	贾远航	男	机电工程学院	党员	陕西	汉	61032319970526631X	18729954049	是
4	2	机制3178	11317857	王茜	女	机械工程学院	党员	陕西	汉	612429199709251778	15991691028	否
5	3	机制3173	11317857	马东民	男	机械工程学院	党员	陕西	汉	610327199912083111	19916125043	否
6	4	汽电3171	76317125	张进文	男	汽车工程学院	党员	陕西	回	610727199910190310	17392300114	否
7	5	电子3173	31317317	朱金锁	男	电子工程学院	党员	陕西	汉	612401199812025652	15591443220	否
8	6	机设3176	43317643	刘航	男	数控工程学院	党员	陕西	汉	610326199902102236	17319635763	是
9	7	软件3173	35317642	杜俊祺	男	计算机与软件学院	党员	陕西	汉	612322199905023516	18591095610	否
10	8	图形3171	89317155	王珍	女	艺术学院	党员	陕西	汉	610323199812045913	15594792391	否
11	9	机电3175	23317607	贾远航	男	机电工程学院	党员	陕西	汉	612327199996161912	13038496542	否
12	10	老服3171	85317117	苏博蕊	女	经济管理学院	党员	陕西	汉	61072420001025555X	18220477454	否

步骤 3：编辑单元格内容。

在表格第 2 行上插入一个空行，合并 A2：B2 单元格并录入"填表日期：",在 C2 单元格按 Ctrl +；组合键获取当前日期。选择 A1：L1 单元格区域，单击"合并后居中"按钮。结果如［样张 8.2］所示。

［**样张 8.2**］

	A	B	C	D	E	F	G	H	I	J	K	L
1	学生党员志愿者情况登记表											
2	填表日期：		2020/5/30									
3	序号	班级	学号	姓名	性别	部门	政治面貌	籍贯	民族	身份证号码	联系电话	建档立卡
4	1	机电3171	23317607	贾远航	男	机电工程学院	党员	陕西	汉	61032319970526631X	18729954049	是
5	2	机制3178	11317857	王茜	女	机械工程学院	党员	陕西	汉	612429199709251778	15991691028	否
6	3	机制3173	11317857	马东民	男	机械工程学院	党员	陕西	汉	610327199912083111	19916125043	否
7	4	汽电3171	76317125	张进文	男	汽车工程学院	党员	陕西	回	610727199910190310	17392300114	否
8	5	电子3173	31317317	朱金锁	男	电子工程学院	党员	陕西	汉	612401199812025652	15591443220	否
9	6	机设3176	43317643	刘航	男	数控工程学院	党员	陕西	汉	610326199902102236	17319635763	是
10	7	软件3173	35317642	杜俊祺	男	计算机与软件学院	党员	陕西	汉	612322199905023516	18591095610	否
11	8	图形3171	89317155	王珍	女	艺术学院	党员	陕西	汉	610323199812045913	15594792391	否
12	9	机电3175	23317607	贾远航	男	机电工程学院	党员	陕西	汉	612327199996161912	13038496542	否
13	10	老服3171	85317117	苏博蕊	女	经济管理学院	党员	陕西	汉	61072420001025555X	18220477454	否

步骤 4：备份工作表。

单击 Sheet1 的全选按钮或按 Ctrl + A 组合键选中工作表，右键复制工作表数据，再插入 Sheet2 工作表、Sheet3 工作表。在 Sheet2 工作表选中 A1 单元格，右键粘贴工作表数据完成备份操作。

步骤 5：工作表更名。

右键单击 Sheet1 工作表标签，将其重命名为"登记表"，设置标签颜色为红色。右键单击 Sheet2 工作表标签，将其重命名为"登记表备份"，设置标签颜色为蓝色。

步骤 6：删除工作表。

右键单击 Sheet3 工作表标签，单击"删除"命令，删除 Sheet3 工作表。

步骤 7：保存和关闭文档。

至此，学生党员志愿者情况登记表制作完成，单击"文件"选项卡→"保存"命令保存工作表数据，然后单击窗口右上角的"关闭"按钮，退出 Excel 2016。

 知识拓展

　　活动 1　设置数据验证　　　　　　　活动 2　插入批注

 任务拓展

实训任务 1　制作物资捐赠统计表

任务描述：制作如图 8-10 所示的物资捐赠统计表，利用数据验证功能为"省（市）"一列创建下拉列表。

省（市）	N95口罩（万个）	防护服（万套）	护目镜（万个）	一次性口罩（万个）	消毒水（吨）
\multicolumn{6}{c}{物资捐赠统计表}
北京	72	16.2	20	160	11
北京	58	22	16	120	13
上海	55	15	25	135	28
天津	43	12	23	86	15
河北	59	20	15	128	25
山西	59	21.8	19	99	15
江苏	68	16	21	180	31
天津	71	26	23	170	20
北京	56	14.3	26	84	16
河北	96	21	16	150	18
上海	56	26	15	152	19
天津	61	27	19	25	16
江苏	89	16	25.2	15	15

图 8-10　物资捐赠统计表样张

任务要求：

（1）新建 Excel 工作簿，将其命名为"物资捐赠统计表.xlsx"。

（2）参照样张，输入工作表数据，标题文字"物资捐赠统计表"在 A1：F1 合并后居中。

（3）为"省（市）"一列创建下拉列表，并完成该列数据的输入。

（4）保存工作簿文件。

实训任务 2　扶贫数据统计表

任务描述：制作如图 8-11 所示的扶贫数据统计表。

	A	B	C	D	E	F	G
1			扶贫数据统计			acer:	
2	县城	贫困村/个	贫困人口/万人	贫困发生率/%	所属类别	资料来源：《四川省扶	
3	盐源县	122.0	4.7	12.9	1	贫建档立卡数据汇总资	
4						料2013年度》	
5	普格县	103.0	2.5	13.3	1		
6							
7	布拖县	163.0	3.0	13.5	1		
8							
9	金阳县	150.0	3.1	15.2	1		
10							
11	昭觉县	191.0	4.6	15.8	1		
12							
13	喜德县	136.0	3.4	16.2	1		
14							
15	越西县	208.0	4.9	16.6	2		
16							
17	甘洛县	208.0	3.8	16.7	2		
18							
19	美姑县	272.0	4.5	16.9	2		
20							
21	金河口区	5.0	0.5	18.0	2		

图 8-11　扶贫数据统计表样张

任务要求：

（1）新建 Excel 工作簿，命名为"扶贫数据统计表.xlsx"。

（2）参照样张，输入工作表数据，标题文字"扶贫数据统计"在 A1：E1 合并后居中，注意工作表中的空行。

（3）为标题"扶贫数据"设置批注，批注为"资料来源：《四川省扶贫建档立卡数据汇总资料 2013 年度》"。

（4）保存工作簿文件。

任务8.2 修饰学生党员志愿者情况登记表

任务描述

对任务8.1中制作的学生党员志愿者情况登记表进行美化修饰,通过设置单元格格式,给表格添加边框和底纹等操作,使工作表更加清晰和美观,效果如图8-12所示。

图8-12 修饰后的学生党员志愿者情况登记表

任务分析

完成该任务的操作思路如下。

步骤1:打开学生党员志愿者情况登记表。

步骤2:设置单元格格式。

步骤3:设置行高和列宽。

步骤4:给表格添加边框和底纹。

步骤5:应用样式。

步骤6:保存和关闭工作簿。

知识指导

活动1 设置单元格格式

单元格格式主要包括数字格式、字符格式、对齐方式、边框和底纹等。

1. 设置单元格内数据格式

单元格内的数据可以根据需要设置成不同的数据格式,其中包括日期格式、小数位数、货币样式、百分比样式等。

方法一:选中需要设置格式的单元格或单元格区域,在"开始"选项卡→"数字"组中单击相应的按钮进行设置,如图8-13所示。

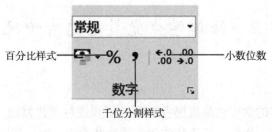

图 8-13 "数字"组

方法二：选中需要设置格式的单元格或单元格区域，单击鼠标右键，在弹出的菜单中选择"设置单元格格式"命令，打开"设置单元格格式"对话框，如图 8-14 所示，打开"数字"选项卡，在此可以完成多种数字格式的设置。

图 8-14 "设置单元格格式"对话框

2. 设置单元格对齐方式

方法一：选中需要设置对齐方式的单元格或单元格区域，在"开始"选项卡→"对齐方式"组中单击相应的按钮进行设置，如图 8-15 所示。单击"方向"按钮，弹出如图 8-16 所示下拉菜单，在其中可以设置文字的方向。

方法二：打开"设置单元格格式"对话框中的"对齐"选项卡，设置所需的对齐方式。

例如，"销售数量统计"表中默认的数据格式如［样张 8.3］所示，按照以上操作方法，对单元格数据设置小数位、百分比样式和居中对齐方式，设置后的表格效果如［样张 8.4］所示。

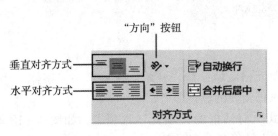

图 8-15 "对齐方式"组

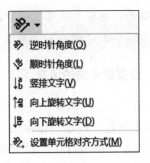

图 8-16 "方向"下拉菜单

[样张 8.3]

	A	B	C	D	E
1	销售数量统计				
2	名称	单价（元）	销售量	销售额（元）	百分比
3	可乐	3	120	360	0.26
4	雪碧	2.8	98	274.4	0.2
5	红牛	6	45	270	0.2
6	汽水	1.5	85	127.5	0.09
7	啤酒	2	110	220	0.16
8	矿泉水	1.5	88	132	0.1
9	总计			1383.9	

[样张 8.4]

	A	B	C	D	E
1	销售数量统计				
2	名称	单价（元）	销售量	销售额（元）	百分比
3	可乐	3.0	120	360.0	26%
4	雪碧	2.8	98	274.4	20%
5	红牛	6.0	45	270.0	20%
6	汽水	1.5	85	127.5	9%
7	啤酒	2.0	110	220.0	16%
8	矿泉水	1.5	88	132.0	10%
9	总计			1383.9	

3. 设置单元格边框

方法一：选中需要设置边框的单元格或单元格区域，在"开始"选项卡→"字体"组中单击"边框"按钮，在弹出菜单中选择预设的边框类型，或者手动绘制需要的边框。

方法二：单击打开"设置单元格格式"对话框的"边框"选项卡，如图 8-17 所示，可以为选中的单元格区域设置各种边框线，还可以设置边框的线条颜色和样式。

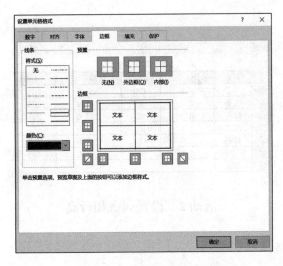

图 8-17 设置单元格边框

> 提示：如果要取消已设置的边框，操作方法如下：先选中需要取消边框的单元格区域，然后单击"预设"选项组的"无"选项即可。

4. 设置单元格的填充

方法一：选中需要填充的单元格或单元格区域，在"开始"选项卡→"字体"组中单击"填充颜色"按钮，在弹出颜色框中选择需要的颜色即可。

方法二：单击打开"设置单元格格式"对话框的"填充"选项卡，如图 8-18 所示，在此可以为选中的单元格添加背景色、填充效果和填充图案。

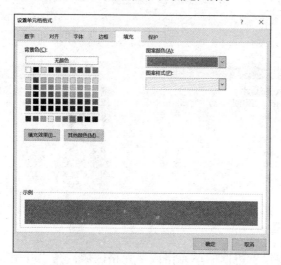

图 8-18　设置单元格填充色

例如，对［样张 8.4］所示的"销售数量统计"工作表设置边框和填充色，设置后的表格结构更加清晰和美观，其效果如［样张 8.5］所示。

［**样张 8.5**］

	A	B	C	D	E
1	销售数量统计				
2	名称	单价（元）	销售量	销售额（元）	百分比
3	可乐	3.0	120	360.0	26%
4	雪碧	2.8	98	274.4	20%
5	红牛	6.0	45	270.0	20%
6	汽水	1.5	85	127.5	9%
7	啤酒	2.0	110	220.0	16%
8	矿泉水	1.5	88	132.0	10%
9	总计			1383.9	

活动 2　设置列宽和行高

1. 调整列宽或行高

将鼠标指针移到列号之间的分割线上，当鼠标指针呈双向箭头形状时，按住鼠标向左或向右拖动，即可调整列宽，如图 8-19 所示。

项目8 电子表格制作与数据处理

	A	B	C	D	E
1			销售数量统计		
2	名称	单价(元)	销售量	销售额(元)	百分比
3	可乐	3	120	360	0.26
4	雪碧	2.8	98	274.4	0.2
5	红牛	6	45	270	0.2
6	汽水	1.5	85	127.5	0.09
7	啤酒	2	110	220	0.16
8	矿泉水	1.5	88	132	0.1
9	总计			1383.9	

图8-19　调整列的宽度

鼠标指到行号之间的分割线上，当鼠标指针呈双向箭头形状时，按住鼠标向上或向下拖动，即可调整行高。

2. 设置列宽和行高

单击列号选中要调整的列，在右键菜单中选择"列宽"命令，打开如图8-20所示的对话框，可精确设置列宽，输入列宽值后单击"确定"按钮。

单击行号选中要调整的行，在右键菜单中选择"行高"命令，打开如图8-21所示的对话框，可精确设置行高，输入行高值后单击"确定"按钮。

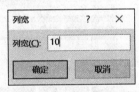
图8-20　"列宽"对话框

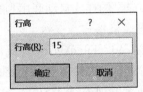
图8-21　"行高"对话框

3. 自动调整列宽或行高

将鼠标指针移到某列右侧的分割线上，当鼠标指针呈双向箭头形状时，双击该分割线，Excel会依据该列内容最多的单元格的宽度自动调整列宽。双击行号下面的分割线，可自动调整行高。

活动3　应用样式

样式是单元格字体、字号、对齐方式、边框和图案等一个或者多个设置特征的组合。Excel预定义了丰富的样式，使用样式可以快速设置单元格，提高工作效率。

下面仍以"销售数量统计"表为例，介绍应用样式的操作方法。

1. 应用单元格样式

应用单元格样式，就是快速将选择的单元格区域填充为所需的样式，以美化和突出单元格中的数据。

（1）选中标题所在的A1单元格区域，在"开始"选项卡→"样式"组中单击"单元格样式"按钮，打开如图8-22所示的列表框。

（2）单击标题栏中的"标题"样式，即可为A1单元格应用该样式。

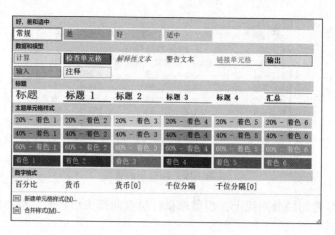

图 8-22 单元格样式列表

（3）参照上述方法，为 A2：E2 单元格区域应用主题单元格样式中的"着色 1"样式。

2. 套用表格格式

把 Excel 提供的样式自动套用到指定的单元格区域，可以快速设置表格格式。

（1）选定 A3：E9 单元格区域，在"开始"选项卡→"样式"组中单击"套用表格格式"按钮，打开如图 8-23 所示的列表框。

（2）选择"表样式浅色 18"，弹出"套用表格式"对话框，单击"确定"按钮，完成套用表格格式操作。

为了显示效果更佳，需要对各列的列宽进行微调，方法是双击列号之间的分割线。调整完成后，表格显示效果如[样张 8.6]所示。

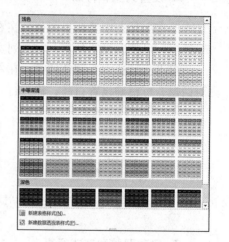

图 8-23 表格样式列表

[样张 8.6]

	A	B	C	D	E
1			销售数量统计		
2	名称	单价（元）	销售量	销售额（元）	百分比
3	可乐	3.0	120	360.0	26%
4	雪碧	2.8	98	274.4	20%
5	红牛	6.0	45	270.0	20%
6	汽水	1.5	85	127.5	9%
7	啤酒	2.0	110	220.0	16%
8	矿泉水	1.5	88	132.0	10%
9	总计			1383.9	

☞ **操作技巧**

自动套用表格格式后，列标题右侧将会出现下拉按钮。如果不需要下拉按钮，可以取消，操作方法为：选中列标题后，在"数据"选项卡→"排序和筛选"组中单击"筛选"按钮即可。

3. 设置条件格式

条件格式可以对含有数值和其他内容的单元格根据设定的条件来决定数值的显示格式。Excel 2016 提供了多种条件格式规则，如突出显示、数据条、色阶和图标集等。

例如，对工作表"销售数量统计"设置条件格式，规则为将销售额在 200 元以上的单元格突出显示。操作过程如下：选中 D3:D8 单元格区域，在"开始"选项卡→"样式"组中单击"条件格式"按钮，将鼠标指针移到"突出显示单元格规则"选项，然后单击"大于"选项，打开"大于"对话框，进行如图 8-24 所示的设置。完成后的效果如 [样张 8.7] 所示。

图 8-24 设置条件格式

[样张 8.7]

	A	B	C	D	E
1	销售数量统计				
2	名称	单价（元）	销售量	销售额（元）	百分比
3	可乐	3.0	120	360.0	26%
4	雪碧	2.8	98	274.4	20%
5	红牛	6.0	45	270.0	20%
6	汽水	1.5	85	127.5	9%
7	啤酒	2.0	110	220.0	16%
8	矿泉水	1.5	88	132.0	10%
9	总计			1383.9	

> **提示**：如果要取消应用的样式，操作方法如下：先选择需要取消格式的单元格区域，在"开始"选项卡→"编辑"组中单击"清除"按钮，在弹出的列表中选择"清除格式"选项。

任务实施

修饰学生党员志愿者情况登记表时，可按以下操作步骤完成。

步骤1：打开 Excel 工作表。

打开"项目8\任务2\素材\学生党员志愿者情况登记表.xlsx"，单击"登记表"标签，使之成为当前活动工作表。

步骤2：设置行高和列宽。

通过右键菜单，设置第 1 行（标题行）的行高为 30，其余各行的行高为 18。选中各列，在"开始"选项卡→"单元格"组中单击"格式"按钮，在弹出的菜单中选择"自动调整列宽"选项。

步骤3：设置单元格数据格式。

单击工作表左上角的"全选"按钮 ◢，或者按 Ctrl+A 组合键，选中整张工作表，设置字体为宋体，字号为 10；设置单元格对齐方式为水平和垂直居中；设置标题字体为黑体，字号为16号，打开"设置单元格格式"对话框，设置"填充日期"的格式为"*2012/3/14"类型。

步骤4：为建档立卡设置批注，批注为"符合建档立卡条件的学生每年补助6 000元"

（1）选中要加批注的单元格L3。

（2）在"审阅"选项卡→"批注"组中单击"新建批注"按钮，在弹出的批注框中输入批注文字"符合建档立卡条件的学生每年补助6 000元"。

（3）单击批注框外部的工作区域即可退出。

至此，工作表设置效果如［样张8.8］所示。

[样张8.8]

A	B	C	D	E	F	G	H	I	J	K	L
				学生党员志愿者情况登记表							
填表日期：		2020/5/30									
序号	班级	学号	姓名	性别	部门	政治面貌	籍贯	民族	身份证号码	联系电话	建档立卡
1	机电3171	23317607	贾远航	男	机电工程学院	党员	陕西	汉	61032319970526631X	18729954049	是
2	机制3178	11317857	王茜	女	机械工程学院	党员	陕西	汉	612429199709251778	15991691028	否
3	机制3173	11317857	马东民	男	机械工程学院	党员	陕西	汉	610327199912083111	19916125043	否
4	汽电3171	76317125	张进文	男	汽车工程学院	党员	陕西	回	610727199910190310	17392300114	否
5	电子3173	31317317	朱金镇	男	电子工程学院	党员	陕西	汉	612401199812025652	15591443220	否
6	机设3176	43317643	刘航	男	数控工程学院	党员	陕西	汉	610326199902102236	17319635763	是
7	软件3173	35317642	杜俊祺	男	计算机与软件学院	党员	陕西	汉	612322199905023516	18591095610	否
8	图形3171	89317155	王珍	女	艺术学院	党员	陕西	汉	610323199812045913	15594792391	否
9	机电3175	23317607	贾远航	男	机电工程学院	党员	陕西	汉	61232719996161912	13038496542	否
10	老服3171	85317117	苏博蕊	女	经济管理学院	党员	陕西	汉	61072420001025555X	18220477454	否

步骤5：设置单元格边框和填充色。

选中A3∶L13区域，打开"设置单元格格式"对话框的"边框"选项卡设置单元格边框，线条颜色为橙色，外框线型为2列6行样式，内框线型为1列6行样式；设置标题单元格和表头行填充颜色为浅绿。

至此，工作表的美化修饰完毕，结果如［样张8.9］所示。

[样张8.9]

A	B	C	D	E	F	G	H	I	J	K	L
				学生党员志愿者情况登记表							
填表日期：		2020/5/30									
序号	班级	学号	姓名	性别	部门	政治面貌	籍贯	民族	身份证号码	联系电话	建档立卡
1	机电3171	23317607	贾远航	男	机电工程学院	党员	陕西	汉	61032319970526631X	18729954049	是
2	机制3178	11317857	王茜	女	机械工程学院	党员	陕西	汉	612429199709251778	15991691028	否
3	机制3173	11317857	马东民	男	机械工程学院	党员	陕西	汉	610327199912083111	19916125043	否
4	汽电3171	76317125	张进文	男	汽车工程学院	党员	陕西	回	610727199910190310	17392300114	否
5	电子3173	31317317	朱金镇	男	电子工程学院	党员	陕西	汉	612401199812025652	15591443220	否
6	机设3176	43317643	刘航	男	数控工程学院	党员	陕西	汉	610326199902102236	17319635763	是
7	软件3173	35317642	杜俊祺	男	计算机与软件学院	党员	陕西	汉	612322199905023516	18591095610	否
8	图形3171	89317155	王珍	女	艺术学院	党员	陕西	汉	610323199812045913	15594792391	否
9	机电3175	23317607	贾远航	男	机电工程学院	党员	陕西	汉	61232719996161912	13038496542	否
10	老服3171	85317117	苏博蕊	女	经济管理学院	党员	陕西	汉	61072420001025555X	18220477454	否

步骤6：为"登记表备份"工作表应用样式。

单击"登记表备份"标签，使之成为当前活动工作表，选中表格标题所在的A1∶L1单元格区域,在"开始"选项卡→"样式"组中单击"单元格样式"按钮,在打开的列表框中单击标题栏中的"标题"样式;用同样的方法,为 A2:L2 单元格区域应用主题单元格样式中的"20% – 着色5"样式;选中 A3:L13 单元格区域,在"开始"选项卡→"样式"组中单击"套用表格格式"按钮,在打开的列表框中选择"表样式中等深浅3"。

"登记表备份"工作表设置后的效果如[样张 8.10]所示。

[**样张 8.10**]

序号	班级	学号	姓名	性别	部门	政治面貌	籍贯	民族	身份证号码	联系电话	建档立卡
1	机电3171	23317607	贾远航	男	机电工程学院	党员	陕西	汉	610323319970526631X	18729954049	是
2	机制3178	11317857	王茜	女	机械工程学院	党员	陕西	汉	612429199709251778	15991691028	否
3	机制3173	11317857	马东民	男	机械工程学院	党员	陕西	汉	610327199912083111	19916125043	否
4	汽电3171	76317125	张进文	男	汽车工程学院	党员	陕西	回	610727199910190310	17392300114	否
5	电子3173	31317317	朱金锁	男	电子工程学院	党员	陕西	汉	612401199812025652	15591443220	否
6	机设3176	43317643	刘航	男	数控工程学院	党员	陕西	汉	610326199902102236	17319635763	是
7	软件3173	35317642	杜俊祺	男	计算机与软件学院	党员	陕西	汉	612322199905023516	18591095610	否
8	图形3171	89317155	王珍	女	艺术学院	党员	陕西	汉	610323199812045913	15594792391	否
9	机电3175	23317607	贾远航	男	机电工程学院	党员	陕西	汉	61232719996161912	13038496542	否
10	老服3171	85317117	苏博蕊	女	经济管理学院	党员	陕西	汉	610724200001025555X	18220477454	否

步骤7:保存工作簿,退出 Excel 2016。

知识拓展

活动1 设置工作表格式

活动2 工作表保护

任务拓展

实训任务1 修饰公司年度销售额表格

任务描述:对"公司年度销售额"工作表进行修饰,使之更加清晰和美观,便于浏览。完成后的效果如图8-25所示。

	A	B	C	D	E	F	G
1							
2			公司年度销售额				
3		商品编码	第一季	第二季	第三季	第四季	总计
4		合计	810000	453100	638400	748500	2650000
5		WD3257C	515500	82500	340000	479500	1417500
6		WD3306E	68000	100000	68000	140000	376000
7		WH5496A	75000	144000	85500	37500	342000
8		WG1917K	151500	126600	144900	91500	514500

图8-25 公司年度销售额样张

任务要求：

（1）打开"项目8\任务2\素材\公司年度销售额表格.xlsx"文件。

（2）设置第3～第8行行高为15，B～G列的列宽为10。

（3）设置B3:G8各单元格居中对齐。

（4）设置B3:G8单元格数据为楷体、12号。

（5）设置标题行合并后居中，黑体16号。

（6）设置单元格的所有边框为红色细实线。

（7）套用表格样式，样式可自行选择，样张选择的是"表样式浅色17"，标题选择的是"标题1"样式。

（8）应用主题，样式可自行选择，样张选择的是"回顾"效果。

（9）保存工作簿文件。

> **提示：** 应用主题能够更改工作表的整体设计，包括颜色、字体及效果，操作方法是：在"页面设置"选项卡→"主题"组中单击"主题"按钮，在打开的列表框中选择需要的样式即可。

实训任务2 修饰饮料零售情况统计表

任务描述： 对"今日饮料零售情况统计"工作表进行格式设置，完成后的效果如图8-26所示。

图8-26 今日饮料零售情况统计表样张

任务要求：

（1）打开"项目8\任务2\素材\饮料零售情况统计.xlsx文件"。

（2）删除标题行下方的一行空行，添加"合计"一行。

（3）设置各行行高为15，各列的列宽为9。

（4）设置各单元格的对齐方式，其中"名称"下方单元格对齐方式为"分散对齐（缩进）"。

（5）设置"零售单价"列的小数位为1位小数，并添加货币符号。

（6）设置单元格的边框和填充色。

（7）保存工作簿文件。

实训任务3　制作捐赠物资统计表

任务描述：完成捐赠物资统计表制作和设置，其效果如图8-27所示。

			捐赠物资统计表			
			截止时间：2月23日12时			
						单位：万件（套、个、瓶）
类别	数量	接收主体	省红十会	省慈善总会	省青少年基金会	合计
按捐赠来源	国内捐赠	定向捐赠	223.61	580.94	109.47	914.02
		非定向捐赠	83.89	39.93	17	140.82
	境外捐赠		672.36	1762.59		2434.95
	合计		979.86	2383.46	126.47	3489.79
按物资品种	医用防护服（万套）		16.91	41.18	0.02	58.11
	N95口罩（万个）		12.57	59.3	0.6	72.47
	医用（外科）等口罩类（万个）		512.83	1339.16	68.79	1920.78
	护目镜或防护面罩（万个）		3.51	22.05	3.3	28.86
	其他		434.04	921.77	53.76	1409.57
	合计		979.86	2383.46	126.47	3489.79

图8-27　捐赠物资统计表样张

任务要求：

(1) 新建Excel工作簿，命名为"捐赠物资统计表.xlsx"。

(2) 打开"捐赠物资统计表.xlsx"，在Sheet1中完成表格的输入和设置。

(3) 制作完成后，保存工作簿文件。

项目 8　电子表格制作与数据处理

任务 8.3　学生党员志愿者成绩计算与统计

📠 任务描述

在 Excel 中，数据的计算、统计和分析是最常用的处理工作，也是 Excel 的核心功能之一。本任务是在 Excel 2016 中进行学生党员志愿者成绩的处理，计算出每位同学的平均成绩，以德、智、体、社会实践成绩按一定比例算出综合分，并给出综合分的成绩排名和社会实践由四级制转换为百分制的处理，结果如图 8-28 所示。

	A	B	C	D	E	F	G	H	I	J
1	学生党员志愿者成绩一览表									
2										2019/11/5
3	学号	姓名	德育	智育	文体	社会实践	社会实践成绩转换	平均分	综合分	排名
4	09201	高山	94	70	90	优秀	95	87.25	88.7	2
5	09202	江水	88	78	88	及格	75	82.25	82.1	7
6	09203	金明	84	73	87	良好	85	82.25	82.7	6
7	09204	白雪	99	88	92	优秀	95	93.5	94.2	1
8	09205	张平	80	69	85	优秀	95	82.25	83.3	5
9	09206	李芳	76	75	75	良好	85	77.75	78.3	8
10	09207	王浩	89	72	74	优秀	95	82.5	84.4	4
11	09208	赵剑	75	65	83	不及格	55	69.5	68.6	10
12	09209	李红	82	84	84	优秀	95	86.25	86.7	3
13	09210	朱燕	71	79	64	及格	75	72.25	72.4	9
14	第一名		99	88	92					
15	第二名		94	84	90					
16	第三名		89	79	88					
17	比例系数		0.3	0.2	0.2		0.3			

图 8-28　学生党员志愿者成绩统计表样张

任务分析

Excel 的数据计算主要是通过公式和函数实现的，公式是对工作表数据进行计算时用的等式，函数是系统预先定义的内置公式，完成本任务时将涉及常用的几种函数，具体操作思路如下。

步骤 1：打开工作簿文件。
步骤 2：使用 IF 函数进行社会实践成绩转换。
步骤 3：计算平均成绩。
步骤 4：计算综合分。
步骤 5：使用 RANK 函数进行排名。
步骤 6：使用 MAX 函数计算出最高分。
步骤 7：使用 LARGE 函数计算出第 2 名和第 3 名。
步骤 8：保存和关闭工作簿。

🏔 知识指导

活动 1　使用公式计算数据

在 Excel 中，可以使用公式对工作表数据进行各种计算。公式的使用方法有以下 3 种。

1. 直接输入公式

如图 8-29 所示，选中要输入公式的单元格，如 D3 单元格，在其中输入公式 "=B3*C3"，然后按 Enter 键确认输入，即可计算出结果。输入完成后，在单元格中显示的是公式计算的结果，公式则显示在编辑栏中。

2. 选择单元格输入公式

在单元格输入公式的方法如图 8-30 所示，输入公式的具体操作过程如下。

（1）选中要输入公式的单元格，输入 "="表示开始输入公式。
（2）单击 B3 单元格，此时单元格周围出现虚框，同时，B3 出现在等于号后面。
（3）输入运算符 "*"。
（4）单击 C3 单元格，此时单元格周围出现虚框，同时，C3 出现在公式中。
（5）按 Enter 键确认，完成公式输入。

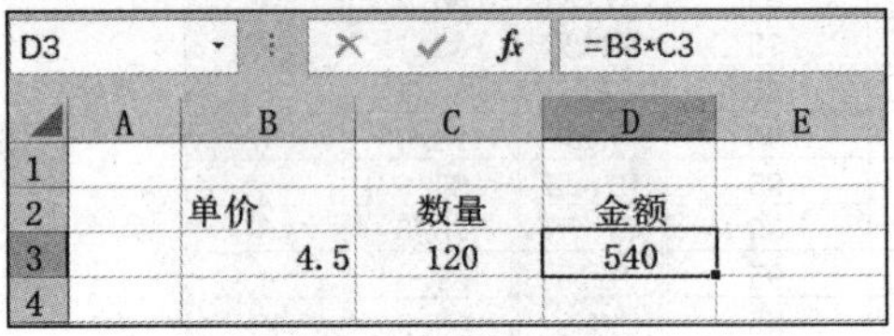

图 8-29　输入公式 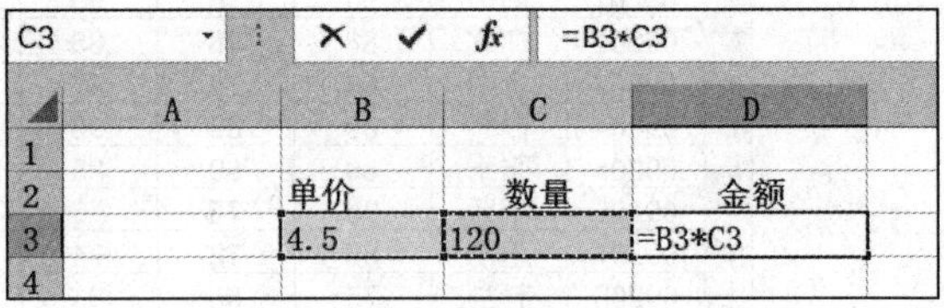　　　　　　　　图 8-30　选择单元格输入公式

3. 复制公式

Excel 中的公式可以进行复制。公式复制就是将某个单元格内的公式应用到其他需要相似公式的单元格中。复制公式时可以使用拖动填充柄的方式，也可以使用"复制→粘贴"的方式。

如图 8-31 所示，使用填充柄复制公式的操作方法如下。

（1）选中含有公式的单元格，比如 D3 单元格，将鼠标指针移动至其填充柄处。
（2）按住鼠标左键向下拖动，至 D8 单元格时释放鼠标，即可完成公式的复制。

如果需要在单元格中直接显示公式，单击"公式"选项卡→"显示公式"按钮，表格中所有使用公式的单元格将以公式的形式显示。如图 8-32 所示。

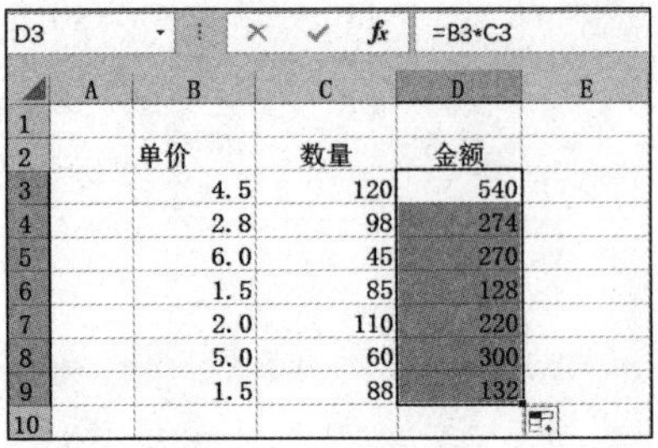

图 8-31　复制公式 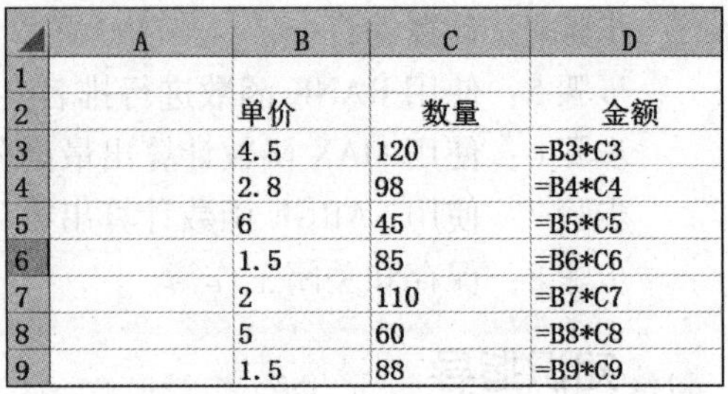　　　　　　　　图 8-32　显示公式

> **提示**：在单元格中输入公式时，总是以 "=" 开头。

公式和普通数据一样可以进行修改。方法为：选中要修改公式的单元格，在编辑栏上定位光标，或者直接双击单元格，进入编辑状态后即可进行修改，按 Enter 键完成修改。

活动 2　单元格引用

在计算公式中，单元格是通过单元格的名称来表示的。根据计算的要求，在公式中会出现 3 种表示方式，分别是相对引用、绝对引用和混合引用。

1. 相对引用

单元格相对引用形式为：B3、C3 等。相对引用是默认的单元格引用形式，当复制相对引用的单元格时，公式中的单元格地址会随着位置发生变化。

2. 绝对引用

单元格绝对引用形式为：$B$3、$C$3 等，是在行号和列号前加“$”符号。绝对引用是指引用单元格和被引用单元格的位置关系是固定的，公式中的绝对引用不会随着单元格位置的变化而变化。

以如图 8－33 所示的“销售数量统计”表为例，计算“百分比”一列数据时，总销售额所在的 D9 单元格需要绝对引用，否则在复制公式时就会出错，出错信息如图 8－34 所示，出现错误信息“#DIV/0!”的原因，是公式中的除数引用了空白单元格，比如 D10 单元格。在 Excel 中，空白单元格是按零值处理的。

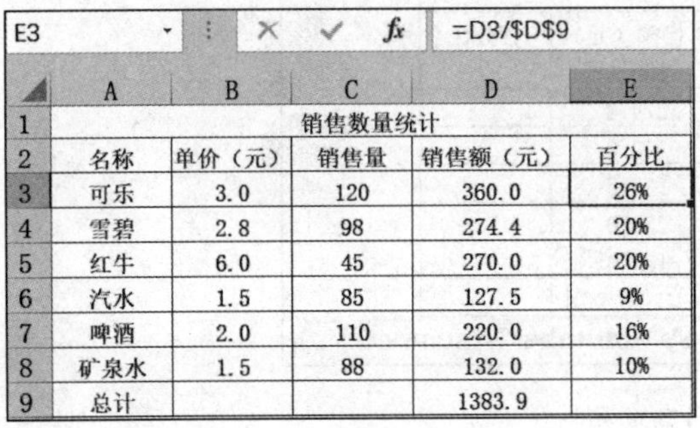

E3　=D3/$D$9

	A	B	C	D	E
1	销售数量统计				
2	名称	单价（元）	销售量	销售额（元）	百分比
3	可乐	3.0	120	360.0	26%
4	雪碧	2.8	98	274.4	20%
5	红牛	6.0	45	270.0	20%
6	汽水	1.5	85	127.5	9%
7	啤酒	2.0	110	220.0	16%
8	矿泉水	1.5	88	132.0	10%
9	总计			1383.9	

图 8－33　单元格绝对引用

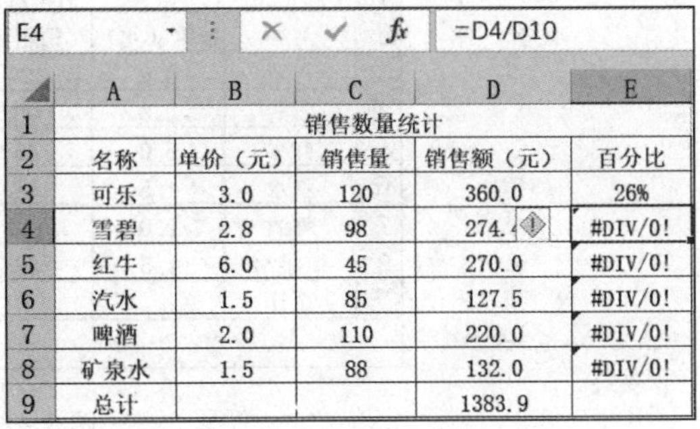

E4　=D4/D10

	A	B	C	D	E
1	销售数量统计				
2	名称	单价（元）	销售量	销售额（元）	百分比
3	可乐	3.0	120	360.0	26%
4	雪碧	2.8	98	274.4	#DIV/0!
5	红牛	6.0	45	270.0	#DIV/0!
6	汽水	1.5	85	127.5	#DIV/0!
7	啤酒	2.0	110	220.0	#DIV/0!
8	矿泉水	1.5	88	132.0	#DIV/0!
9	总计			1383.9	

图 8－34　单元格引用出错

> **提示：** 单元格绝对引用时，“$”符号可以直接输入，也可以在选中单元格名称后，按 F4 功能键自动添加。

3. 混合引用

单元格混合引用形式为：B$3、$B3 等。混合引用就是在引用一个单元格时，既有绝对引用，也包含相对引用，在公式复制过程中，只有相对单元格地址改变，绝对单元格地址则不会改变。

活动3　使用函数计算数据

函数是Excel中预定义地完成某些特定计算功能的公式，使用函数可以更方便地完成数据计算。在Excel 2016中，所有函数都在“公式”选项卡的“函数库”组中分类存放，如图8－35所示。

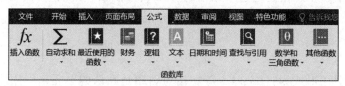

图8－35　函数库

1. 常用函数的使用

常用函数包括求和、平均值、最大值、最小值和计数函数。以“销售数量统计”表为例，计算销售额“总计”时，函数的使用方法如下。

（1）选中存放结果的单元格，本例为D9单元格。

（2）单击“公式”选项卡→“函数库”组→“自动求和”按钮，在D9单元格会自动出现求和函数以及求和的数据区域，如图8－36所示，按Enter键确认即可。如果Excel推荐的数据区域不是需要计算的区域，则需要选择新的数据区域。

	A	B	C	D	E	F
1	销售数量统计					
2	名称	单价（元）	销售量	销售额（元）	百分比	
3	可乐	3.0	120	360.0		
4	雪碧	2.8	98	274.4		
5	红牛	6.0	45	270.0		
6	汽水	1.5	85	127.5		
7	啤酒	2.0	110	220.0		
8	矿泉水	1.5	88	132.0		
9	总计			=SUM(D3:D8)		

SUM(**number1**, [number2], ...)

图8－36　自动求和

单击“自动求和”按钮下方的下拉按钮，在弹出的列表框中可以选择平均值、最大值、最小值和计数的快速计算。

提示：在“开始”选项卡→“编辑”组中也能快速使用常用函数。

2. 其他函数的使用

使用其他函数时，一般采用直接输入函数或插入函数的方式。下面以IF函数为例进行介绍。

1）直接输入函数式

如图8－37所示，选中存放结果的单元格C3，直接在该单元格中输入IF函数，按Enter键确认，即可看到结果。输入完成后，在单元格中显示的是函数计算的结果，函数则显示在编辑栏中。

项目 8　电子表格制作与数据处理

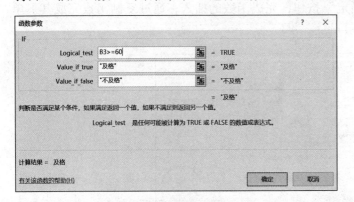

图 8-37　输入 IF 函数

IF 函数是条件函数，格式为：IF（条件,值1,值2），函数功能是用来判断给定的条件是否满足，如果满足，就返回值1，否则返回值2。本例中，当 B3 单元格的值为 81 时，条件满足，因此 C3 单元格的值为"及格"；当 B4 单元格的值为 55 时，条件不满足，因此 C4 单元格的值为"不及格"。

2）插入函数

选中存放结果的单元格 C3，在"公式"选项卡→"函数库"组中单击"逻辑"按钮，在弹出的列表框中选择"IF"，打开"函数参数"对话框，在参数文本框中分别输入参数，如图 8-38 所示，单击"确定"按钮，即可在单元格中看到计算结果。

插入 IF 函数时，也可以在"公式"选项卡→"函数库"组中单击"插入函数"按钮，打开"插入函数"对话框，在"选择函数"列表中选择函数 IF，如图 8-39 所示。

图 8-38　"函数参数"对话框　　　　图 8-39　"插入函数"对话框

提示：公式和函数中的运算符号必须是半角符号，在汉字输入法状态下，很容易输入成全角符号，从而导致函数或公式无法计算，此时只要关闭中文输入法，或者切换到半角状态再输入即可。

任务实施

在对学生党员志愿者成绩统计时，可按以下操作步骤完成。

步骤 1：打开 Excel 工作表。

打开"项目 8 \ 任务 3 \ 素材 \ 学生党员志愿者成绩统计.xlsx"文件。

步骤 2：使用 IF 函数转换实训成绩。

将光标移至单元格 G4 中，并输入公式"=IF(F4="优秀",95,IF(F4="良好",85,IF(F4="及格",75,55)))"，按 Enter 键确认，将学号为 09201 的学生的实训成绩转换成百分制。将鼠标指针移到 G4 单元格的填充柄处，按住鼠标左键向下拖动，至 G13 单元格时释放

— 113 —

鼠标，完成函数的复制。

步骤3：计算平均成绩。

方法一：使用公式计算。选中 H4 单元格，输入公式"=（C4+D4+E4+G4）/4"，按 Enter 键确认；通过复制公式完成其下单元格的平均值计算。

方法二：使用 AVERAGE 函数计算。选中 H4 单元格，单击"自动求和"按钮右侧的下拉按钮，在弹出的列表框中选择"平均值"。此处，AVERAGE 函数的参数需要重新选中为（C4：E4,G4），按 Enter 键确认；通过复制函数完成其下单元格的平均值计算。

步骤4：计算综合分。

选中 I4 单元格，输入公式"=C4*$C$17+D4*$D$17+E4*$E$17+G4*$G$17"，按 Enter 键确认；通过复制公式完成其下单元格的综合分计算。

步骤5：使用 RANK 函数计算名次。

方法一：直接输入函数。选中 J4 单元格，输入函数"=RANK(I4,$I$4:$I$13)"，按 Enter 键确认；通过复制函数完成其下单元格的名次计算。

方法二：插入 RANK 函数。选中 J4 单元格，在"开始"选项卡→"编辑"组中单击"自动求和"按钮右侧的下拉按钮，在弹出的下拉列表框选择"其他函数"，打开"插入函数"对话框，在其中选择 RANK 函数，确定后打开"函数参数"对话框，在其中进行参数设置，如图8-40所示，单击"确定"按钮，完成函数的插入；通过复制函数完成其下单元格的名次计算。

图8-40 RANK 函数参数设置

> **提示**：函数参数中的单元格及单元格区域可以直接输入，也可以单击文本框右侧的"数据拾取"按钮，回到工作表中用鼠标选取。

步骤6：使用 MAX 函数计算最大值。

选中 C14 单元格，单击"自动求和"按钮右侧的下拉按钮，在弹出的下拉列表中选择"最大值"，按 Enter 键确认；通过向右复制函数到文体列完成单元格的最大值计算。

步骤7：使用 LARGE 函数计算第2名和第3名。

选定 C15 单元格，输入函数"=LARGE(C4:C13,2)"，按 Enter 键确认；通过向右复制函数到文体列完成其单元格的名次计算。再次，选定 C16 单元格，输入函数"=LARGE(C4:C13,3)"，按 Enter 键确认；通过向右复制函数到文体列完成单元格的名次计算。

至此，学生党员志愿者成绩计算和统计工作完毕。

步骤8：保存工作簿，退出 Excel 2016。

知识拓展

活动1　跨工作表的单元格引用

活动2　Excel 常用函数

任务拓展

实训任务1　全球各国 CO_2 排放量统计

任务描述：根据提供的原始数据表，利用 Excel 函数计算的方法，对全球各国 CO_2 排放量进行统计和分析，完成后的结果如图 8-41 所示。

	A	B	C
1	全球各国CO_2排放量比较		
2			
3	排名	国家	CO_2排放总量（单位：亿吨）
4	3	印度	15.83
5	9	南非	2.22
6	8	英国	3.12
7	6	日本	4.50
8	1	美国	28.00
9	7	澳大利亚	4.26
10	4	俄罗斯	9.61
11	10	韩国	1.85
12	2	中国	27.00
13	5	德国	5.56
14			
15	表格数据分析条目如下：		
16	1. 各国CO_2排放总量：		101.95
17	2. CO_2排放量最大的国家：		28.00
18	3. CO_2排放量最小的国家：		1.85
19	4. 各国CO_2排放量平均值：		10.20
20	5. 上表包含国家个数：		10
21	6. 排放量大于15亿吨的国家个数：		3

图 8-41　CO_2 排放量统计表样张

任务要求：
(1) 打开"项目8\任务3\素材\$CO_2$排放量统计.xlsx"文件。
(2) 利用函数完成表格中指定的各种数据计算。
(3) 对前三名 CO_2 排放总量应用"绿－黄－红色阶"格式。
(4) 计算完成后，保存工作簿文件。

实训任务2　饮料零售情况统计

任务描述：根据提供的原始数据表，利用 Excel 函数和公式，对"饮料零售情况统计"工作表中的数据进行计算，完成后的结果如图 8-42 所示。

信息技术基础与应用（Windows 10 + Office 2016）

图8-42 饮料零售情况统计样张

任务要求：

（1）打开"项目8\任务3\素材\饮料零售情况统计.xlsx"。

（2）计算销售量和销售额合计。

（3）计算各种饮料的利润。

（4）计算完成后，保存工作簿文件。

实训任务3　计算学生课程成绩

任务描述：根据提供的学生成绩数据表，利用公式计算学生的课程总评成绩，完成后的结果如图8-43所示。

图8-43 学生成绩表样张

任务要求：

（1）打开"项目8\任务3\素材\学生成绩表.xlsx"。

（2）"总评成绩"工作表中的"平时"和"期末"两列数据分别来自"平时成绩"和"期末成绩"工作表。

（3）总评成绩计算方法为：总评＝平时×0.3＋期末×0.7。

（4）算出总评中优秀的级别（使用IF函数），要求：总分大于等于90分的在"级别"列显示"优秀"，否则显示空格。

（5）计算完成后，保存工作簿文件。

项目 8　电子表格制作与数据处理

任务 8.4　商品销售数据整理与分析

任务描述

Excel 提供了许多分析和处理数据的有效工具，如排序、筛选、分类汇总、合并计算以及图表制作等，使用这些功能可以方便地整理和分析数据。本任务就是对四方公司的商品销售数据进行整理和分析，以使繁杂凌乱的数据清晰、直观。如图 8-44（a）所示是对商品品牌分类汇总的结果；如图 8-44（b）所示是反映 IBM 服务器销售情况的图表。

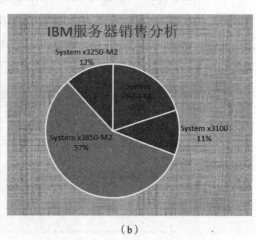

图 8-44　商品销售数据分析样张
（a）分类汇总样张；（b）图表样张

任务分析

完成本任务的具体操作思路如下。
步骤 1：打开"商品销售登记表"工作簿文件。
步骤 2：对数据进行排序。
步骤 3：对数据进行筛选。
步骤 4：对数据进行分类汇总。
步骤 5：对数据进行合并计算。
步骤 6：制作并美化图表。
步骤 7：保存和关闭工作簿。

知识指导

活动 1　数据的排序

排序是指按照指定的顺序重新组织工作表的记录顺序，使原本杂乱无序的数据清单能够依据某个数据变得有序。排序时，可以对一列或多列数据按文本、数字以及日期和时间进行升序或降序排序。对于文字，默认是按汉语拼音字母排序，也可指定由文字的笔画来排序。

1. 快速排序

（1）选中要排序列的任意单元格。

（2）在"数据"选项卡→"排序和筛选"组中单击"升序"按钮或"降序"按钮即可。

2. 自定义排序

（1）选中要排序列的任意单元格。

（2）在"数据"选项卡→"排序和筛选"组中单击"排序"按钮，弹出"排序"对话框，如图8-45所示，在对话框中选取需要排序的主关键字及升序或降序，单击"确定"按钮。

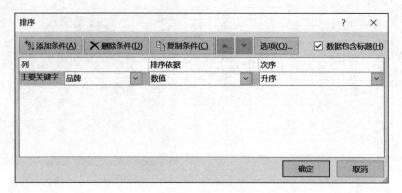

图8-45 "排序"对话框

（3）当排序关键字不止一个时，单击"添加条件"按钮，即可添加"次要关键字"。

如果需要按文字笔画多少排序，单击对话框中的"选项"按钮，在打开的"排序选项"对话框中设置，如图8-46所示。

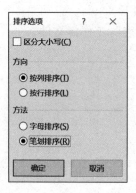

图8-46 "排序选项"对话框

活动2 数据的筛选

数据筛选是在工作表的数据清单中快速查找具有特定条件的记录，筛选后数据清单中只显示符合筛选条件的记录，不符合筛选条件的记录被隐藏起来。下面以员工培训成绩表为例，说明数据筛选的操作方法。

筛选出男性、电脑操作成绩在 80 以上的所有记录，具体操作步骤如下。

（1）单击工作表中数据区域内的任意单元格，在"数据"选项卡→"排序和筛选"组中单击"筛选"按钮，启用筛选，工作表显示效果如图 8-47 所示，在每个列标题右侧都出现一个下拉按钮。

	A	B	C	D	E	F	G
1	姓名	性别	企业概况	规章制度	法律知识	电脑操作	商务礼仪
3	雷宇辉	男	85	80	83	79	88
4	袁重点	女	69	75	84	76	80
5	任晓东	女	81	89	80	83	79
6	王腾飞	男	72	80	74	90	84
7	董斌武	女	82	89	79	85	89
8	马鹏飞	女	83	79	82	82	90
9	周希燕	女	77	71	80	85	91
10	高攀峰	男	83	80	76	88	86
11	李伊莉	男	89	85	80	69	82
12	吕娜娜	男	80	84	68	86	80

图 8-47 启用筛选

提示：执行筛选操作前，在数据清单中必须要有列标题。

（2）单击列标题"性别"旁的下拉按钮，弹出筛选器选择列表，如图 8-48 所示。

（3）在列表中只勾选"男"前的复选框，单击"确定"按钮，即可自动筛选出所有男性员工的记录，女性员工的记录都被隐藏起来了。

（4）单击列标题"电脑操作"旁的下拉按钮，又弹出筛选器选择列表，在其中选择"数字筛选"选项卡→"大于或等于"选项，弹出"自定义自动筛选方式"对话框。

（5）在"自定义自动筛选方式"对话框中设置筛选条件，如图 8-49 所示，单击"确定"按钮，筛选操作完成后，可以看到使用筛选的列标题"性别"和"电脑操作"右侧的下拉按钮变成了 ，而且行号显现为蓝色，其效果如图 8-50 所示。

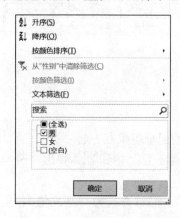

图 8-48 "筛选器"选择列表

图 8-49 "自定义自动筛选方式"对话框

提示：若要取消自动筛选状态，恢复全部记录数据，则在"数据"选项卡→"排序和筛选"组中单击"筛选"按钮 ，即可退出筛选状态，恢复到最初的状态。

信息技术基础与应用（Windows 10 + Office 2016）

	A	B	C	D	E	F	G
1	姓名	性别	企业概况	规章制度	法律知识	电脑操作	商务礼
6	王腾飞	男	72	80	74	90	84
10	高攀峰	男	83	80	76	88	86
12	吕娜娜	男	80	84	68	86	80

图 8-50 "筛选"的结果

活动 3 数据的分类汇总

分类汇总是对数据内容进行分析的一种常用的方法。Excel 分类汇总是对数据清单中的某个关键字段进行分类，具有相同值的为一类，然后对各类进行汇总计算，计算方式有求和、计数、平均值及最大值和最小值等，由用户根据需要进行选择。

分类汇总只能对数据清单进行，数据清单的第一行必须有列标题，而且在分类汇总前，必须根据分类汇总的数据类对数据清单排序，以使数据类相同的记录先归在一起，否则分类汇总的结果通常是无效的。

以如图 8-51 所示的员工工资表为例，统计各科室发放奖金的平均值，具体操作方法如下。

	A	B	C	D	E	F	G	H	I	J	K	L
1	员工工资表											
2	员工编号	姓名	性别	科室	基本工资	奖金	住房补贴	车费补贴	应发工资	医保	公积金	实发工资
3	001	雷宇辉	男	人事科	650	1900	320	120	2990	65	145	2780
4	002	袁重点	男	人事科	850	1750	180	180	2960	85	220	2655
5	003	任晓东	男	总务科	900	1760	185	180	3025	90	300	2635
6	004	吕娜娜	女	总务科	650	1900	150	120	2820	65	145	2610
7	005	王腾飞	男	总务科	600	1800	200	150	2750	60	145	2545
8	006	董斌武	男	人事科	800	2300	152	200	3452	80	280	3092
9	007	李伊莉	女	总务科	700	1850	175	155	2880	70	170	2640
10	008	马鹏飞	男	财务科	750	1800	185	165	2900	75	170	2655
11	009	周希燕	女	财务科	850	1800	200	220	3070	85	220	2765
12	010	高小红	女	财务科	920	2500	156	280	3856	92	305	3459

图 8-51 员工工资表样张

1. 创建分类汇总

（1）按分类字段"科室"进行升序排序，把同一科室的记录组织在一起。

（2）在"数据"选项卡→"分级显示"组中单击"分类汇总"按钮，弹出"分类汇总"对话框，如图 8-52 所示。

（3）在对话框中勾选需要的选项，分类字段为"科室"，汇总方式为"平均值"，汇总项为"奖金"。

（4）单击"确定"按钮，完成分类汇总操作。分类汇总后，员工工资表如图 8-53 所示。

项目8 电子表格制作与数据处理

图8-52 "分类汇总"对话框

	A	B	C	D	E	F	G	H	I	J	K	L
1	员工工资表											
2	员工编号	姓名	性别	科室	基本工资	奖金	住房补贴	车费补贴	应发工资	医保	公积金	实发工资
3	008	马鹏飞	男	财务科	750	1800	185	165	2900	75	170	2655
4	009	周希燕	女	财务科	850	1800	200	220	3070	85	220	2765
5	010	高小红	女	财务科	920	2500	156	280	3856	92	305	3459
6				财务科 平均值		2033						
7	001	雷宇辉	男	人事科	650	1900	320	120	2990	65	145	2780
8	002	袁重点	男	人事科	850	1750	180	180	2960	85	220	2655
9	006	董斌武	男	人事科	800	2300	152	200	3452	80	280	3092
10				人事科 平均值		1983						
11	003	任晓东	男	总务科	900	1760	185	180	3025	90	300	2635
12	004	吕娜娜	女	总务科	650	1900	150	120	2820	65	145	2610
13	005	王腾飞	男	总务科	600	1800	200	150	2750	60	145	2545
14	007	李伊莉	女	总务科	700	1850	175	155	2880	70	170	2640
15				总务科 平均值		1828						
16				总计平均值		1936						

图8-53 分类汇总结果

2. 分级显示

对数据分类汇总后,工作表左上方出现分级显示的级别符号 1 2 3,单击其中的级别数字,可以分级显示汇总的结果,例如,单击数字2后,员工工资表如图8-54所示。

	A	B	C	D	E	F	G	H	I	J	K	L
1	员工工资表											
2	员工编号	姓名	性别	科室	基本工资	奖金	住房补贴	车费补贴	应发工资	医保	公积金	实发工资
6				财务科 平均值		2033						
10				人事科 平均值		1983						
15				总务科 平均值		1828						
16				总计平均值		1936						

图8-54 2级分类汇总结果

3. 删除分类汇总

对于不需要或错误的分类汇总,可以将其删除。方法如下:在分类汇总数据清单中选中任意单元格,在"数据"选项卡→"分级显示"组中单击"分类汇总"按钮,打开"分类汇总"对话框,单击对话框左下角的"全部删除"按钮,即可删除分类汇总结果。

活动4 数据的合并计算

合并计算可以把来自不同源数据区域的数据进行汇总计算,这里所说的不同源数据区域包括同一工作表或者同一工作簿的不同工作表,甚至不同工作簿中的数据区域。

合并计算不能在源数据区域中进行,必须为汇总信息独立定义一个目标区域,用来显示合并计算的结果信息。

以商品销售数量统计为例,"1分店"工作表中记录的是1分店的销售数据,如图8-55所示,"2分店"工作表中记录的是2分店的销售数据。现需要了解2个分店的销售量总和,利用Excel的数据合并计算功能实现,具体操作步骤如下。

(1)在工作簿中新建"合计"工作表,工作表的行、列标题要与源数据清单相同,然后选中用于存放合并计算结果的单元格区域,如图8-56所示。

(2)在"数据"选项卡→"数据工具"组中单击"合并计算"按钮,弹出"合并

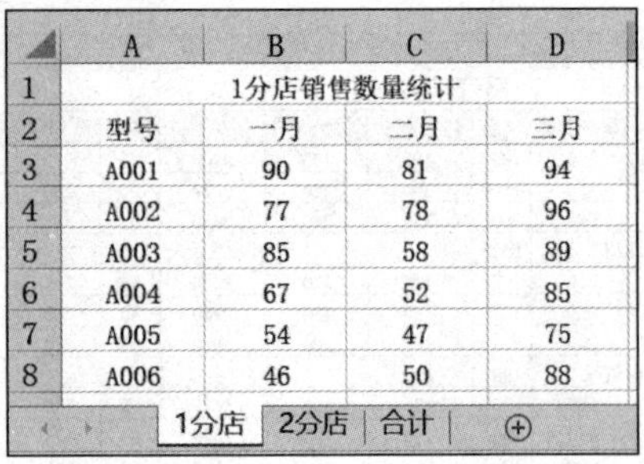

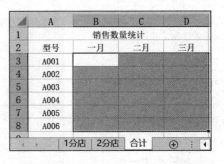

图 8-55 "1 分店"工作表　　　　　图 8-56 "合计"工作表

计算"对话框,在"函数"对话框中选择"求和",单击"引用位置"框右侧的拾取按钮,用鼠标选取"1 分店"工作表的 B3:D8 单元格区域,返回"合并计算"对话框后,单击"添加"按钮,再选取"2 分店"工作表的 B3:D8 单元格区域,单击"添加"按钮,最后选中"创建指向源数据的链接"复选框,如图 8-57 所示,单击"确定"按钮,完成合并计算操作。

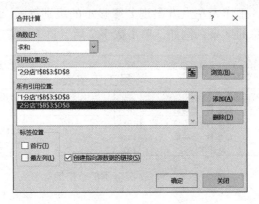

图 8-57 "合并计算"对话框

提示:如果选中"创建指向源数据的链接",源数据表的数据发生变化时,合并计算的结果也会随之变化,相反则不会。

(3)计算结果如图 8-58 所示,以分类汇总的方式显示,单击工作表左侧的"+"号,可以显示源数据清单。

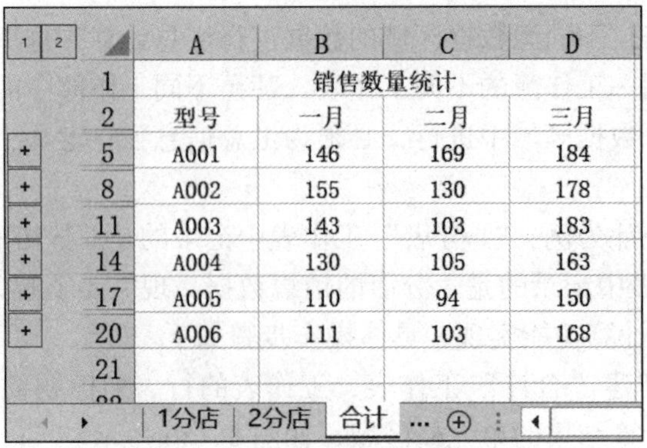

图 8-58 合计计算后的工作表

活动5 制作并美化图表

图表是 Excel 中常用的数据分析工具。工作表中的数据可以使用各种统计图表来表示，图表是对数据的图形化反映，将复杂的数据以图表的形式直观表现出来，便于数据大小的比较或者对数据变化趋势的观察。

1. 图表的构成

如图 8-59 所示，图表主要由以下部分构成。

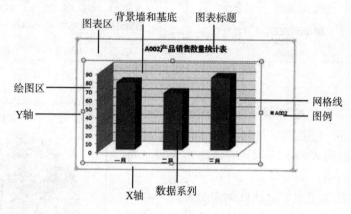

图 8-59 图表的构成

（1）图表标题：描述图表的名称，默认位置在图表的顶端。
（2）图表区：图表区就是整个图表的背景区域，在其中显示整个图表及其全部元素。
（3）图例：用色块表示图表中各种颜色所代表的含义。
（4）绘图区：以坐标轴为界的区域。
（5）数据系列：一个数据系列对应工作表中选定区域的一个或一列数据。
（6）坐标轴：用于表示数值大小及分类的水平线和垂直线，上面标有数据值的刻度。一般情况下，X 轴表示数据的分类，Y 轴表示数据值的大小。
（7）网格线：从坐标轴刻度线延伸出来并贯穿整个绘图区的线条系列，可有可无。
（8）背景墙与基底：三维图表中会出现背景墙与基底，是包围在许多三维图表周围的区域，用于显示图表的维度和边界。

> **提示**：图表中包含许多元素，默认情况下只显示其中部分元素，而其他元素则可根据需要添加。

2. 制作图表

1）嵌入式图表与新工作表图表

嵌入式图表：图表作为一个对象与其相关的工作表数据存放在同一工作表中。默认情况下，图表是作为嵌入图表放在工作表中的。

新工作表图表：图表是以一个工作表的形式插在工作簿中，在打印输出时，工作表图表占一个页面。

2）图标类型选择

Excel 2016 提供了 14 种图表类型及组合图表类型,每种图表类型又分为多个子类型,比如柱形图、饼图、条形图、折线图等是较为常用的图表类型。

3) 创建图表

(1) 使用功能区创建图表。

选定要为其绘制图表的数据区域,单击打开"插入"选项卡,即可看到多个创建图表的按钮,如图 8-60 所示。

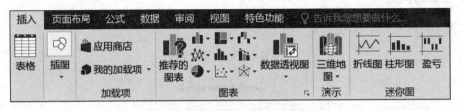

图 8-60　创建的图表按钮

单击"饼图"下拉按钮，在弹出的下拉列表中选择"二维饼图"选项，即可在该工作表中插入一个饼图，效果如图 8-61 所示，它清晰地表现了每个数值占总值的比例。

(2) 使用"插入图表"对话框创建图表。

选定要为其绘制图表的数据区域。单击打开"插入"选项卡,在"图表"组中单击"推荐的图表"按钮,即可打开"插入图表"对话框,如图 8-62 所示,在"推荐的图表"或"所有图表"选项卡中选择所需的图表类型,单击"确定"按钮,即可绘制出一个簇状柱形图,如图 8-63 所示。柱形图主要用于各个项目之间数值多少的比较。

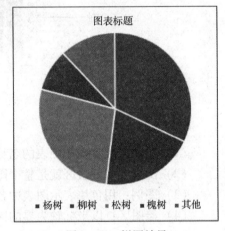

图 8-61　饼图效果

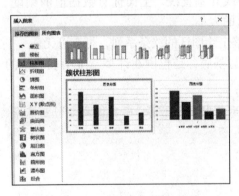

图 8-62　"插入图表"对话框

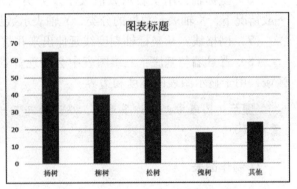

图 8-63　簇状柱形图效果

3. 编辑图表

图表建立之后,如果有不合适之处,可以进行修改。

1) 调整图表大小和位置

单击图表区，然后拖动图表四周的尺寸控制点，可调整图表的大小。若要移动图表，只需用鼠标拖动图表至所需位置即可。

2）移动图表

默认情况下，图表是作为嵌入图表放在数据源所在的工作表中的，如果要改变图表位置，可对图表进行移动操作。

（1）单击嵌入图表的任意位置，将其激活。

（2）选择"设计"选项卡→"位置"组，单击"移动图表"按钮，弹出"移动图表"对话框，如图8-64所示。若要将图表显示在图表工作表中，选中"新工作表"单选按钮；若要将图表显示为工作表中的嵌入图表，选中"对象位于"单选按钮，然后在"对象位于"列表框中单击工作表名称。

图8-64 "移动图表"对话框

3）更改图表的布局或样式

如图8-65所示，在"图表工具"→"设计"选项卡中，Excel在此预定义了多种图表布局和图表样式，选择所需的布局和样式即可应用。

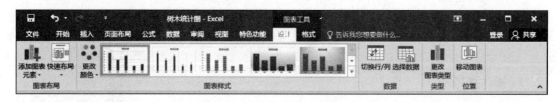

图8-65 "设计"选项卡

4）美化图表区和绘图区

如图8-66所示，在"图表工具"→"格式"选项卡中，完成对图表的进一步美化设置。

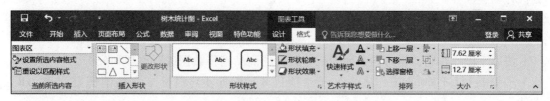

图8-66 "格式"选项卡

5）更改图表类型

（1）单击图表，激活"图表工具"窗口。

（2）在"设计"选项卡→"类型"组中，单击"更改图表类型"按钮，在列表中选择所需图形。

6）向图表添加或删除数据源

（1）单击图表，激活"图表工具"窗口。

（2）选择"设计"选项卡→"数据"组，单击"选择数据"按钮，在弹出的"选择数据源"对话框中单击数据拾取按钮，在数据表中重新选择数据区域。

4. 添加图表元素

方法一：选中图表，单击"图表设计"选项卡下的"添加图表元素"下拉按钮，选择需要的各选项进行添加及设置，如图 8-67 所示。

方法二：单击选中图表右边的小" + "按钮，弹出"图表元素"下拉列表，勾选需要的各选项并对其进行添加及设置，如图 8-68 所示。

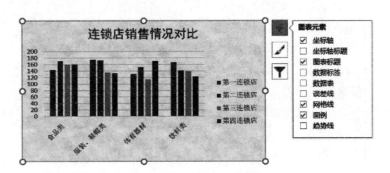

图 8-67　方法一："添加图表元素"选项　　　　图 8-68　方法二："添加图表元素"选项

☞ **操作技巧**

在 Excel 2016 中，图表的编辑功能丰富而灵活，除以上介绍的方法外，还有下述方法可以使用。

（1）双击图表的任意一个组成部分，均能打开该部分的格式设置任务窗格。

（2）右击图表的任意一个组成部分，在弹出的快捷菜单中选择需要的修改命令，可快速执行编辑操作。

任务实施

按以下操作步骤，从不同方面对四方公司的商品销售数据进行整理和分析。

步骤 1：打开 Excel 工作表。打开"项目 8 \ 任务 4 \ 素材 \ 商品销售登记表.xlsx"文件。

步骤 2：对数据进行排序。对 Sheet1 中的销售数据按"品牌"升序排序，对品牌相同的记录按"商品类型"升序排序。

（1）选中"品牌"一列的任意单元格。

（2）在"数据"选项卡→"排序和筛选"组中单击"排序"按钮，弹出"排序"对话框，在"主关键字"下拉列表中选择"品牌"字段。

（3）单击"添加条件"按钮，在"次要关键字"下拉列表框中选择"商品类型"字段，单击"确定"按钮。完成排序后，Sheet1 工作表如［样张 8.11］所示。

[样张 8.11]

	A	B	C	D	E	F	G	H
1				四方公司商品销售记录				
2	编号	品牌	商品类型	型号	商品单价（元）	销售数量	销售金额（元）	销售人员
3	SP0001	IBM	服务器	System x3662-M2	15000	4	60000	张扬
4	SP0003	IBM	服务器	System x3100	5500	6	33000	张扬
5	SP0008	IBM	服务器	System x3850-M2	57500	3	172500	刘志方
6	SP0016	IBM	服务器	System x3250-M2	6000	6	36000	刘志方
7	SP0007	方正	笔记本	方正T400IG-T440AQ	3999	25	99975	张扬
8	SP0011	方正	笔记本	方正R430IG-I333AQ	5499	10	54990	张扬
9	SP0002	方正	服务器	方正圆明LT300 1800	9500	5	47500	李慧
10	SP0010	方正	服务器	方正圆明MR100 2200	18500	3	55500	刘志方
11	SP0004	方正	台式机	方正飞越 A800-4E31	4000	50	200000	李慧
12	SP0009	宏基	笔记本	Acer 4740G	4700	60	282000	闫峰
13	SP0022	宏基	笔记本	Acer 4745G	5299	25	132475	刘志方
14	SP0015	惠普	笔记本	惠普CQ35-217TX	5100	15	76500	李慧
15	SP0012	联想	笔记本	联想Y450A-TST(E)白	5150	15	77250	闫峰
16	SP0023	联想	笔记本	联想Y460A-ITH(白)	5999	36	215964	张扬
17	SP0019	联想	服务器	万全 T350 G7	23000	2	46000	李慧
18	SP0020	联想	服务器	万全 T100 G10	5499	4	21996	张扬
19	SP0021	联想	服务器	万全 T168 G6	9888	10	98880	闫峰
20	SP0005	联想	台式机	联想家悦 E R500	3398	50	169900	李慧
21	SP0006	联想	台式机	联想家悦 E3630	4699	30	140970	刘志方
22	SP0017	联想	台式机	联想扬天A4600R(E5300)	3550	35	124250	张扬
23	SP0018	联想	台式机	联想IdeaCentre K305	5199	62	322338	闫峰

步骤3：对数据进行筛选。对 Sheet2 中的销售数据，筛选出商品类型为"笔记本"的所有记录。

（1）单击 Sheet2 工作表中数据区域内的任意单元格，在"数据"选项卡→"排序和筛选"组中单击"筛选"按钮，启用筛选。

（2）单击列标题"商品类型"旁的下拉按钮，弹出筛选器选择列表。

（3）在列表中只勾选"笔记本"前的复选框，单击"确定"按钮，即可自动筛选出所有关于笔记本的销售记录。完成筛选操作后，Sheet2 工作表如［样张 8.12］所示。

[样张 8.12]

	A	B	C	D	E	F	G	H
1				四方公司商品销售记录				
2	编号 ▼	品牌 ▼	商品类型 ▼	型号 ▼	商品单价（元）▼	销售数量 ▼	销售金额（元）▼	销售人 ▼
9	SP0007	方正	笔记本	方正T400IG-T440AQ	3999	25	99975	张扬
11	SP0009	宏基	笔记本	Acer 4740G	4700	60	282000	闫峰
13	SP0011	方正	笔记本	方正R430IG-I333AQ	5499	10	54990	张扬
14	SP0012	联想	笔记本	联想Y450A-TST(E)白	5150	15	77250	闫峰
15	SP0015	惠普	笔记本	惠普CQ35-217TX	5100	15	76500	李慧
22	SP0022	宏基	笔记本	Acer 4745G	5299	25	132475	刘志方
23	SP0023	联想	笔记本	联想Y460A-ITH(白)	5999	36	215964	张扬

步骤4：对数据进行分类汇总。对 Sheet3 中的销售数据，计算出每种品牌商品的销售金额的总计。

（1）按"品牌"升序排序，把同一品牌的记录组织在一起。

（2）在"数据"选项卡→"分级显示"组中单击"分类汇总"按钮，弹出"分类汇总"对话框。

（3）在对话框中勾选需要的选项，分类字段为"品牌"，汇总方式为"求和"，汇总项为"销售金额"。

（4）单击"确定"按钮，即可完成分类汇总操作。单击分级显示数字 2 后，Sheet3 工作表如［样张 8.13］所示。

［样张 8.13］

	A	B	C	D	E	F	G	H
1				四方公司商品销售记录				
2	编号	品牌	商品类型	型号	商品单价（元）	销售数量	销售金额（元）	销售人员
7		IBM 汇总					301500	
13		方正 汇总					457965	
16		宏基 汇总					414475	
18		惠普 汇总					76500	
28		联想 汇总					1217548	
29		总计					2467988	

步骤 5：对数据进行合并计算。对 Sheet4 中的销售数据，利用合并计算功能，计算出每种品牌商品的销售金额的总计。

（1）在 Sheet4 中制作［样张 8.14］所示的"分析表"，用于单独存放计算的结果，选中样张所示的单元格。

［样张 8.14］

分析表	
品牌	销售金额（元）

（2）在"数据"选项卡→"数据工具"组中单击"合并计算"按钮，弹出"合并计算"对话框，在"函数"对话框中选择"求和"，单击"引用位置"框右侧的拾取按钮，用鼠标选取 B3:C23 单元格区域，返回"合并计算"对话框后，在"标签位置"栏中选中"最左列"复选框，单击"确定"按钮即可。完成合并计算操作后，"分析表"结果如［样张 8.15］所示。

［样张 8.15］

分析表	
品牌	销售金额（元）
IBM	301500
方正	457965
联想	1217548
宏基	414475
惠普	76500

步骤 6：制作和美化图表。在 Sheet5 中制作饼图，对 IBM 服务器的各个型号的销售金额占比进行比较。

（1）选中 D3:D6 和 G3:G6 单元格区域。

（2）在"插入"选项卡→"图表"组中单击"饼图"按钮，在列表中选择图表类型为"二维饼图"，即可创建一个基本饼图，如［样张 8.16］所示，在图表工具"设计"选项卡→"图表布局"组中，单击"快速布局"按钮→选择"布局 1"选项，然后在"图表标题"文本框中输入标题文字"IBM 服务器销售分析"，并适当调整图表的大小和位置，此时图表效果如［样张8.17］所示。

[**样张8.16**]

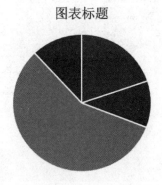

[**样张8.17**]

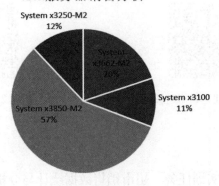

（3）在图表区空白处双击，打开"设置图表区格式"任务窗格，如［样张8.18］所示。在"填充"选项中选中"图片或纹理填充"单选按钮，选择"纸莎草纸"纹理效果，单击"确定"按钮。

[**样张8.18**]

（4）将光标移到图表标题处，单击右键，在弹出的快捷菜单中选择"字体"命令，打开"字体"对话框，设置字体为宋体，大小为16，颜色为红色。至此，图表修饰完成，其效果如［样张8.19］所示。

[样张 8.19]

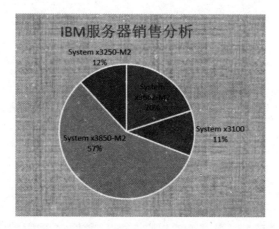

步骤7：保存工作簿文件，退出 Excel 2016。

知识拓展

活动1　建立数据透视表

活动2　建立超链接

任务拓展

实训任务　超市销售数据统计与分析

任务描述：根据提供的原始销售数据，利用 Excel 的数据统计、分析操作，对超市销售数据进行所需的处理。

任务要求：

（1）打开"项目8 \ 任务4 \ 素材 \ 超市销售统计.xlsx"文件。

（2）对 Sheet1 中的销售数据按"合计"降序排序，结果如［样张 8.20］所示。

[样张 8.20]

	A	B	C	D	E	F
1	家世界超市第一季度销售情况表（元）					
2	类别	销售区间	一月	二月	三月	合计
3	烟酒类	食用品区	90410	86500	90650	267560
4	针纺织品类	服装区	84100	87200	78900	250200
5	化妆品类	日用品区	75400	85500	88050	248950
6	服装、鞋帽类	服装区	90530	80460	64200	235190
7	食品类	食用品区	70800	90450	70840	232090
8	日用品类	日用品区	61400	93200	44200	198800
9	饮料类	食用品区	68500	58050	40570	167120
10	体育器材	日用品区	50000	65800	43200	159000

(3) 对 Sheet2 中的销售数据，筛选出六月份销售额大于 80 000 元的所有记录，结果如[样张 8.21]所示。

[**样张 8.21**]

	A	B	C	D	E	F
1	家世界超市第二季度销售情况表（元）					
2	类别	销售区间	四月	五月	六月	合计
3	食品类	食用品区	80800	60450	780840	922090
4	饮料类	食用品区	65500	68050	1140570	1274120
5	烟酒类	食用品区	50410	86600	90650	227660
7	针纺织品类	服装区	85100	87200	88900	261200
8	化妆品类	日用品区	75600	85500	88050	249150

(4) 对 Sheet3 中的销售数据，计算汇总每个销售区间在每个月的销售总额，结果如[样张 8.22]所示。

[**样张 8.22**]

	A	B	C	D	E	F	G	H
1	家世界超市上半年销售情况表（元）							
2	类别	销售区间	一月	二月	三月	四月	五月	六月
5		服装区 汇总	174630	167660	143100	155630	170660	95300
9		日用品区 汇总	186800	244500	175450	191000	244550	186450
13		食用品区 汇总	229710	235000	202060	196710	215100	2012060
14		总计	591140	647160	520610	543340	630310	2293810

(5) 对 Sheet4 中的销售数据，利用合并计算功能，计算全年 4 个连锁店的每种类别商品的销售金额，结果如[样张 8.23]所示。

[**样张 8.23**]

	全年销售情况表（万元）				
23					
24	类别	第一连锁店	第二连锁店	第三连锁店	第四连锁店
25	食品类	143	170	160	161
26	服装、鞋帽类	175	172	135	134
27	体育器材	131	151	114	170
28	饮料类	167	141	139	123
29	烟酒类	116	156	171	115
30	针纺织品类	135	101	101	153
31	化妆品类	163	147	151	164
32	日用品类	143	145	104	115

(6) 在 Sheet5 中，制作如[样张 8.24]所示的柱形图及[样张 8.25]所示的饼图，并对图表进行适当的美化。

[样张 8.24]

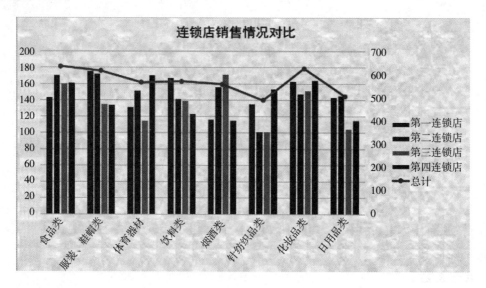

[样张 8.25]

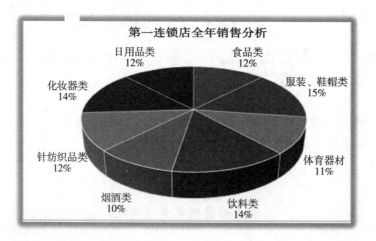

(7) 计算完成后，保存工作簿文件。

项目 9

演示文稿制作与放映

项目引导

演示文稿通常也称为 PPT 文稿，主要用在各种会议、教学课件、阐述方案、产品广告等展示型材料方面，这些材料包括文字、图形、图像、声音以及视频剪辑等元素，并按照幻灯片的方式组织起来，能够生动形象地表达出所要介绍的内容。一个优秀的演示文稿可以很好地拉近演示者和观众之间的距离，让观众更易于接受讲解的内容。本项目围绕培训用 PPT 演示文稿的制作、美化和放映，讲解使用 PowerPoint 2016 制作 PPT 演示文稿的基本方法和操作。

知识目标

- 了解制作演示文稿的关键要素
- 掌握演示文稿的创建方法
- 掌握幻灯片的编辑方法
- 掌握幻灯片美化的基本手段
- 掌握演示文稿的放映方法
- 掌握演示文稿的发布方法

技能目标

- 会制作演示文稿
- 会对幻灯片内容进行编辑
- 能完成幻灯片格式编排
- 能对幻灯片进行美化
- 能放映演示文稿
- 能发布演示文稿

项目 9 演示文稿制作与放映

任务 9.1 演示文稿的编辑与格式化

任务描述

鼎盛有限公司为提高员工士气、鼓舞员工精神，拟定赴延安进行"重踏红色圣地，学习延安精神"团建活动。为保障团建活动正常进行，现要求行政部小刘制作一份介绍延安精神的演示文稿，内容包括延安精神的历史、延安精神的主要内容、延安精神的时代价值等。小刘决定先收集和整理相关素材，然后将素材整合进演示文稿中。

任务分析

完成该任务的操作思路如下。

步骤 1：查找关于"延安精神"的素材。
步骤 2：打开 PowerPoint 2016。
步骤 3：通过"新建幻灯片"下拉菜单中的命令，向演示文稿中添加多种版式的幻灯片。
步骤 4：依据素材录入文字。
步骤 5：测试演示文稿。
步骤 6：保存演示文稿。

知识指导

活动 1 　 PowerPoint 2016 简介

1. PowerPoint 2016 的工作界面

在启动 PowerPoint 2016 并创建空白幻灯片之后，就会进入 PowerPoint 2016 的工作界面，如图 9-1 所示。

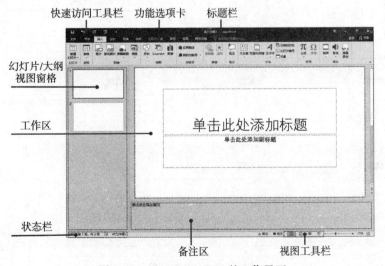

图 9-1 　 PowerPoint 2016 的工作界面

(1) 标题栏：位于窗口顶端，用于显示当前正在运行的文稿名称等信息。

(2) 功能选项卡：用于完成演示文稿各种操作的功能区域。

(3) 快速访问工具栏：用于提供常用命令的工具按钮。

(4) 幻灯片/大纲视图窗格：用于查看幻灯片的缩略图及辅助进行幻灯片的基本操作。

(5) 工作区：用于显示当前幻灯片，可在该区域中进行幻灯片编辑。单击每个功能选项卡则会出现对应的功能区，制作幻灯片的大部分功能都集中在此。

(6) 状态栏：用于显示当前演示文稿的信息，如当前选定的是第几张幻灯片、共几张幻灯片等。

(7) 备注区：用于输入、编辑和显示幻灯片的解释、说明等备注信息。

(8) 视图工具栏：包括普通视图、幻灯片浏览、阅读视图及幻灯片放映4个按钮，单击这些按钮，可以进行不同视图方式的切换。

2. PowerPoint 2016 的视图模式

在演示文稿制作的不同阶段，PowerPoint 2016 提供了不同的工作环境，这些工作环境称为视图。在 PowerPoint 2016 中，给出了4种视图模式：普通视图、幻灯片浏览、阅读视图及幻灯片放映。在不同的视图中，可以使用相应的方法查看和操作演示文稿。

(1) 普通视图：普通视图是 PowerPoint 默认的视图模式，也是编辑幻灯片时最好的显示方式。在普通视图中，在幻灯片/大纲视图窗格中单击幻灯片缩略图，即可在右边的工作区对选择的幻灯片进行编辑修改；在幻灯片/大纲视图窗格中对幻灯片进行拖动，即可改变幻灯片的位置，调整幻灯片的播放次序。

(2) 幻灯片浏览：单击视图工具栏中的"幻灯片浏览"按钮，即可切换到幻灯片浏览视图窗口，如图9-2所示。在幻灯片浏览视图中，可以从整体上浏览所有幻灯片的效果，

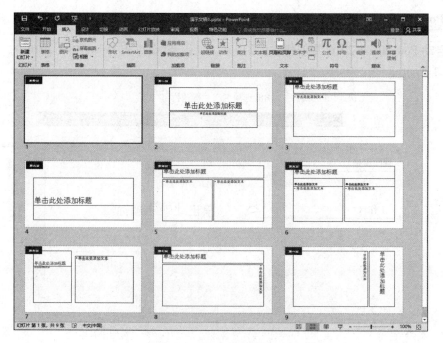

图9-2 幻灯片浏览视图

并可进行幻灯片的复制、移动、删除等操作。如需修改幻灯片的内容，可以双击某个幻灯片，切换回普通视图进行编辑。

（3）阅读视图：单击视图工具栏中的"阅读视图"按钮，即可切换到阅读视图，如图9-3所示。在阅读视图中，可以播放演示文稿，单击状态栏中的"上一张"或者"下一张"按钮可以切换至上一张或下一张幻灯片；单击"菜单"按钮，在弹出的快捷菜单中选择相应的命令，可控制演示文稿播放。

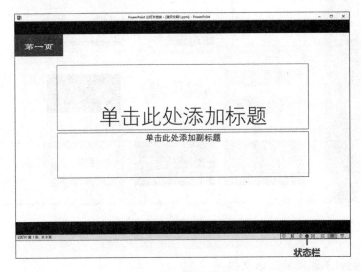

图9-3　阅读视图

（4）幻灯片放映：单击视图工具栏中的"幻灯片放映"按钮，即可切换到幻灯片放映视图窗口。此时可以查看演示文稿的动画、声音以及切换等效果，但不能进行编辑。

活动2　演示文稿的基本操作

1. 启动演示文稿

在 Windows 10 系统中可通过以下方法启动 PowerPoint 2016 演示文稿。

方法一：单击屏幕左下角的"开始"按钮，在弹出的应用程序列表中单击"PowerPoint 2016"选项。

方法二：在桌面上任意空白处单击鼠标右键，在弹出菜单中单击"新建"命令，选择"Microsoft PowerPoint 演示文稿"，然后双击新建的演示文稿。

2. 创建演示文稿

1）新建空白演示文稿

空白演示文稿是指没有经过任何的设计，也不包含任何样式的演示文稿。在创建空白演示文稿过程中，用户具有最大程度的灵活性，可以在幻灯片中充分发挥自己的创造力和想象力来进行文字、色彩、版式等特性的设计。

在启动 PowerPoint 2016 后，系统只会新建一个名为"演示文稿1"的空白演示文稿。若还需新建空白演示文稿，可切换到"文件"功能选项卡，单击"新建"命令，单击中间窗格中的"空白演示文稿"图标,如图9-4所示。

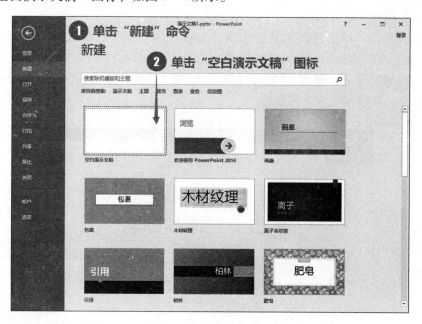

图9-4 新建空白演示文稿

2)使用模板和主题创建演示文稿

除了新建空白演示文稿,用户还可使用 PowerPoint 2016 自带的模板和主题来创建演示文稿,具体操作方法如下。

方法一:单击打开"文件"选项卡,单击"新建"命令,选择中间窗格中提供的模板和主题来创建演示文稿,如图9-5所示。

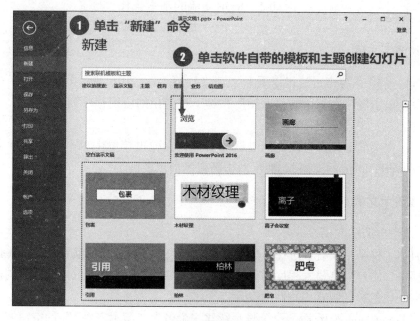

图9-5 使用现有模板创建演示文稿

项目9　演示文稿制作与放映

方法二：单击打开"文件"选项卡，单击"新建"命令，在"搜索框"中输入"模板和主题"，在联机搜索的结果中，选择适合的模板和主题来创建演示文稿，如图9-6所示。

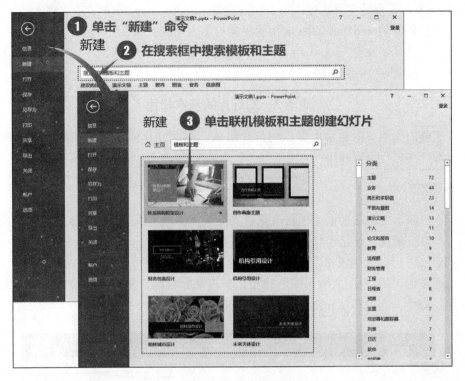

图9-6　使用联机模板创建演示文稿

3. 保存演示文稿

在 Windows 10 系统中可通过以下3种方法保存 PowerPoint 2016 演示文稿。

方法一：打开"文件"选项卡，单击"保存"命令。

方法二：单击"快速访问工具栏"中的"保存"按钮。

方法三：按 Ctrl + S 组合键。

当演示文稿第一次被保存时，会弹出"另存为"对话框，如图9-7所示。

图9-7　"另存为"对话框

4. 退出演示文稿

在 Windows 10 系统中可通过以下 3 种方法关闭 PowerPoint 2016 演示文稿。

方法一：单击 PowerPoint 2016 应用程序窗口右上角的"关闭"按钮。

方法二：打开"文件"选项卡，单击"关闭"命令。

方法三：按 Alt + F4 组合键。

活动 3　幻灯片的基本操作

一个完整的演示文稿通常由多张幻灯片组成，因此制作演示文稿实际上就是制作幻灯片，并对幻灯片进行编辑和组织。

1. 新建幻灯片

新建空白演示文稿或根据主题新建演示文稿后，演示文稿中只有一张幻灯片，其他幻灯片需要用户自行新建，新建幻灯片的方法主要有以下两种。

1）在"幻灯片/大纲窗格"中新建幻灯片

将光标移到"幻灯片/大纲视图"窗格，单击鼠标右键，在弹出的快捷菜单中选择"新建幻灯片"命令，即可添加一张新幻灯片，如图 9-8 所示。

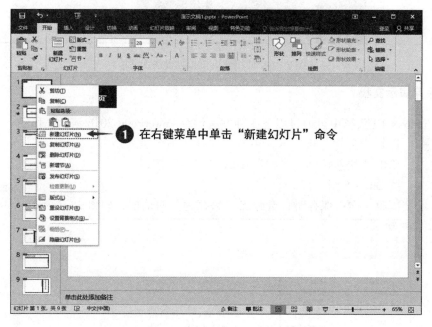

图 9-8　在"幻灯片/大纲"窗格新建幻灯片

2）通过"开始"选项卡新建幻灯片

在普通视图或者幻灯片浏览视图中选择一张幻灯片，打开"开始"选项卡，单击"幻灯片"组中"新建幻灯片"按钮右下角的三角按钮，在弹出的列表框中选择一种幻灯片版式，即可新建幻灯片，如图 9-9 所示。

项目9 演示文稿制作与放映

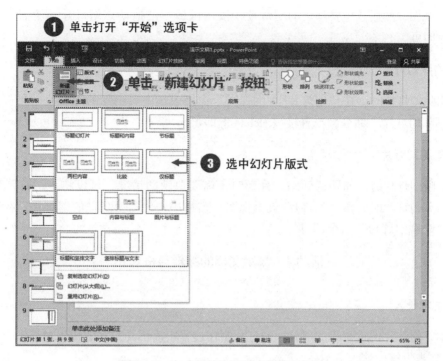

图9-9 在"开始"选项卡新建幻灯片

2. 选择幻灯片

在对幻灯片进行编辑前,首先要将幻灯片选中。根据所使用的视图及所选择的幻灯片数量的不同,选择幻灯片的方法也会有所不同。

1) 选择单张幻灯片

在 PowerPoint 2016 中选择单张幻灯片主要有以下两种方法。

方法一:在"幻灯片/大纲视图"窗格中单击选中的幻灯片缩略图即可显示相应的幻灯片。

方法二:在"幻灯片浏览"视图中双击选中的幻灯片即可显示相应的幻灯片。

2) 选择多张幻灯片

在 PowerPoint 2016 的"幻灯片/大纲视图"窗格中按住 Shift 键,可以选中多张连续的幻灯片;按住 Ctrl 键,可以选中多张不连续的幻灯片。

3. 复制幻灯片

在制作演示文稿的过程中,可能有几张幻灯片的版式和背景是相同的,只是其中的文本不同而已。此时可通过复制幻灯片来提高幻灯片制作效率。

在复制幻灯片时,在"幻灯片/大纲视图"窗格中选中需要复制的幻灯片,在右键菜单中选择"复制幻灯片"命令即可。

4. 移动幻灯片

移动幻灯片可以调整幻灯片在演示文稿中的顺序。需移动幻灯片时,先切换到"幻灯片浏览"视图，然后选中要移动的幻灯片，按住鼠标左键拖动该幻灯片到所需位置，最后释放鼠标即可。

5. 删除幻灯片

在删除幻灯片时，在"幻灯片/大纲视图"窗格中选中要删除的幻灯片，在右键菜单中选择"删除幻灯片"命令，或直接按 Delete 键即可。

6. 隐藏幻灯片

在放映幻灯片时，如果遇到幻灯片暂时不需要放映的情况，可以将该幻灯片先隐藏起来。在隐藏幻灯片时，在"幻灯片/大纲视图"窗格中选中需要隐藏的幻灯片，在右键菜单中选择"隐藏幻灯片"命令即可。

活动4　演示文稿的编辑与格式化

1. 文本录入

文本是幻灯片的重要组成部分，幻灯片制作过程中离不开文本的输入和编辑。

1）在占位符中输入文本

新建幻灯片中通常都会出现若干个虚线框，这类虚线框就是占位符。占位符是系统对用户的一种提示，以方便用户进行操作。根据幻灯片版式的不同，占位符细分为内容占位符、文本占位符、图片占位符、图表占位符、表格占位符、SmartArt 占位符、媒体占位符、联机图像占位符。

占位符通常用来放置标题和正文等内容，在幻灯片中显示为"单击此处添加标题"或"单击此处添加文本"，用户只需单击占位符，这些文本就会消失，并出现光标，输入文本内容即可。

2）在文本框中输入文本

文本框是一个可移动、可调节大小的容器，可用于在占位符之外的其他位置输入文本。

不自动换行文本框：打开"插入"选项卡，在"文本"组中单击"文本框"按钮，在下拉菜单中选择"横排文本框"命令，然后单击要添加文本框的位置，即可插入一个不自动换行的文本框。在此文本框中输入文本时，文本框的宽度会自动增大，但是文本并不自动换行。

自动换行文本框：打开"插入"选项卡，在"文本"组中单击"文本框"按钮，在下拉菜单中选择"横排文本框"命令，然后将鼠标指针移动到要添加文本框的位置，按住鼠标左键拖动来限定文本框的大小，即可插入一个自动换行的文本框。在此文本框中输入文本时，当输入到文本框的右边界时会自动换行。

2. 文本格式化

文本格式化是指对文本内容的字体、字体颜色、字号、加粗、倾斜、下划线、文本效果、字符间距等效果进行设置。文本格式化主要有以下3种方法。

方法一：打开"开始"选项卡，通过"字体"组中的按钮进行设置，如图9-10所示。

项目 9 演示文稿制作与放映

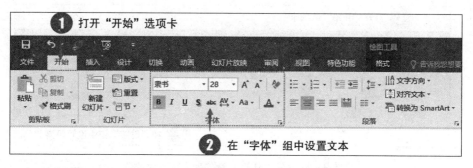

图 9-10 在"开始"选项卡中格式化文本

方法二：直接通过"浮动工具栏"对字体进行设置。

方法三：在幻灯片的右键菜单中选择"字体"命令，或单击"开始"选项卡中"字体"组右下角的"字体"按钮，在弹出的"字体"对话框中进行设置，如图 9-11 所示。

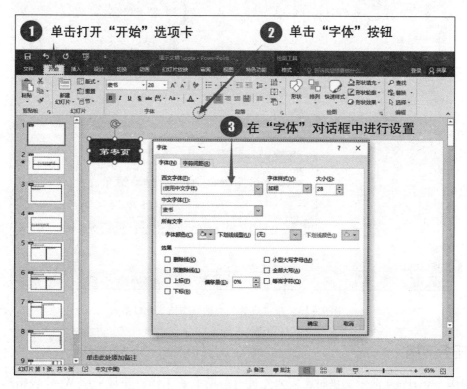

图 9-11 在"字体"对话框中格式化文本

3. 段落格式化

段落格式化是指对段落对齐方式、段落缩进方式、段间距、行间距、项目符号和编号等效果进行设置。段落格式化主要有以下两种方法。

方法一：打开"开始"选项卡，通过"段落"组中的按钮进行设置，如图 9-12 所示。

方法二：打开"开始"选项卡，单击"段落"组右下角的"段落"按钮，在弹出的"段落"对话框中进行设置，如图 9-13 所示。

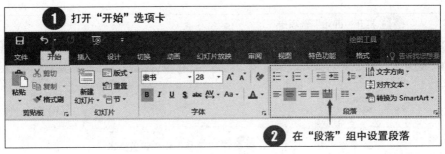

图9-12 在"开始"选项卡中格式化段落

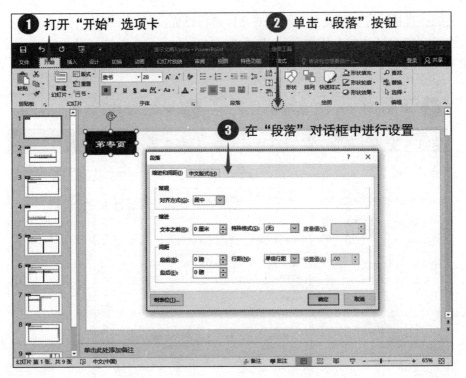

图9-13 在"段落"对话框中格式化段落

任务实施

制作 PowerPoint 演示文稿时,需要先进行前期准备工作,并且采用 Word 表格形式规划演示文稿的内容和结构。接下来,按照以下实施步骤进行演示文稿的制作。

步骤1:创建 PowerPoint 演示文稿。在桌面空白处单击鼠标右键,在弹出的快捷菜单中单击"新建"→"Microsoft PowerPoint 演示文稿"命令,把默认文件名修改为"延安",创建名为"延安精神.pptx"的演示文稿。

步骤2:新建幻灯片。双击打开"延安精神.pptx"文件,单击打开的灰色界面,添加第1张新幻灯片,该幻灯片版式默认为"标题幻灯片"版式。

步骤3:添加新幻灯片。

(1)在"开始"选项卡"幻灯片"组中单击"新建幻灯片"按钮,在幻灯片版式列表中选择"空白"幻灯片版式，添加第2张幻灯片。

（2）按照同样的方法添加第3~第12张幻灯片。其中，第3张、第5张、第9张、第11张幻灯片版式为"仅标题"，第4张、第6张、第7张、第8张、第10张、第12张幻灯片版式为"空白"。

步骤4：输入并编辑幻灯片内容。依照图9-14所示的延安精神演示文稿内容，在"延安精神.pptx"文件中，逐页输入相应的文字信息，并将文字的字体设置成"华文行楷"，文字的大小和排列方式自定，但最好使得每页内容都能够饱满地布满整页幻灯片。最终效果如图9-15所示。

```
延安精神演示文稿内容
【第一张幻灯片】
    弘扬延安精神
    汇报人：小刘/汇报时间：2020年6月
【第二张幻灯片】
    01 延安精神的形成和发展；
    02 延安精神的主要内容；
    03 延安精神的时代价值；
    04 新时代下的延安精神。
【第三张幻灯片】
    延安精神的形成和发展
【第四张幻灯片】
    1935年10月至1938年9月，是延安精神的孕育期；
    1938年9月至1945年6月，是延安精神的形成期；
    1945年6月至1948年3月，是延安精神的成熟期。
【第五张幻灯片】
    延安精神的主要内容
【第六张幻灯片】
    01 抗大精神；02 整风精神；03 南泥湾精神；04 张思德精神；05 白求恩精神；06 劳模精神
【第七张幻灯片】
    整风精神的主要内容是理论联系实际、实事求是/坚持真理、修正错误/批评与自我批评。
    南泥湾精神的核心和本质就是艰苦奋斗、自力更生。
【第八张幻灯片】
    白求恩精神就是伟大的国际主义、共产主义精神；就是毫不利己、专门利人无私奉献的精神；就是对工作极端热忱、精益求精的精神。
    张思德精神就是为人民利益勇于牺牲的精神，就是为人民利益任劳任怨的精神，就是为人民利益艰苦奋斗的精神。
【第九张幻灯片】
    延安精神的时代价值
【第十张幻灯片】
    尊重历史、勇于担当，继承发扬党的优良传统和作风，迫切需要大力弘扬延安精神。
    01 1949年10月26日，毛泽东在给延安人民的《复电》中对延安精神给了高度评价。
    02 1980年邓小平同志在中央工作会议上强调指出"一定要宣传、恢复和发扬延安精神"。
    03 1989年9月江泽民同志在延安视察时指出"延安精神永远没有过时"。
    04 2006年1月胡锦涛同志在延安指出"和平建设时期也需要大力弘扬延安精神"。
【第十一张幻灯片】
    新时代下的延安精神
【第十二张幻灯片】
    启示一：高举旗帜、坚定信念，筑牢共同奋斗的思想基础。
    启示二：思想解放、开拓创新，努力推动科学发展再上新水平。
```

图9-14 延安精神演示文稿内容

步骤5：测试演示文稿。至此，延安精神演示文稿中文字信息已经录入，在"幻灯片放映"选项卡内"开始放映幻灯片"组中单击"从头开始"按钮，观看演示文稿的文字信息，

信息技术基础与应用（Windows 10 + Office 2016）

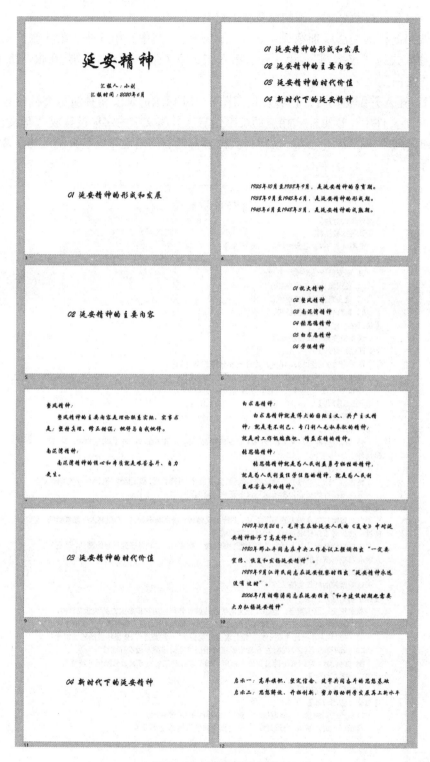

图 9-15 延安演示文稿

如果出现有误的地方，可返回普通视图进行修改。

步骤6：保存演示文稿。单击"文件"选项卡中的"保存"命令，保存演示文稿后退出 PowerPoint 2016。

知识扩展

活动1　演示文稿制作前的准备

在制作演示文稿前需要先做好一系列的准备工作，这样既可以完善演示文稿的内容，也可以提高制作演示文稿的速度。

（1）方案策划：要想制作一个成功的演示文稿，首先应对其进行整体的规划，即该演示文稿由哪些内容组成，其切入点是什么，用哪种方式表达，要达到什么效果，等等。可以采用流程示意图的方式来表达演示文稿的内容和结构，也可以使用 Word 文字处理软件整理出演示文稿的框架。

（2）素材收集：由于演示文稿的策划方案不同，所需收集的素材也不相同，一般包含用于说明观点的文本内容素材、用于支撑论点的数据素材、用于美化的图片素材等，其中文字可以手动输入，也可以复制电子文档中已有的内容，图片和声音素材可以到 Internet 中下载或自己制作。

活动2　演示文稿制作流程

无论制作什么样的演示文稿，其过程都是相似的，即先要进行演示文稿的策划，再收集素材，然后使用 PowerPoint 软件进行制作。这是制作一个成功的演示文稿必须经历的步骤。

演示文稿制作流程如下。

（1）创建演示文稿：使用 PowerPoint 软件创建演示文稿，这其中包括制作幻灯片、添加文本内容、插入图片和表格等对象。

（2）美化演示文稿：内容添加完成后，还需要对幻灯片中的各种对象（如文本、图片等）进行修饰美化，并添加动画效果、插入背景音乐等。

（3）测试演示文稿：完成演示文稿的制作后，应先自行测试演示文稿的放映效果，以免在实际演示过程中出现意外情况。测试一般都在幻灯片放映模式下进行，若不满意，可返回普通视图进行修改，如此反复操作，直到满意为止。

（4）放映演示文稿：完成修改后的演示文稿可通过投影仪放映并演示。

任务扩展

任务描述：近期为提高员工士气、鼓舞员工精神，拟进行"弘扬梁家河精神"团建活动，为了能够更好地进行此次团建活动，要求制作"弘扬梁家河精神"演示文稿。

任务要求：

（1）以弘扬梁家河精神为主题拟定演示文稿脚本。

（2）依据弘扬梁家河精神演示文稿脚本收集所需素材。

（3）制作"弘扬梁家河精神.pptx"的演示文稿。

项目 9　演示文稿制作与放映

任务 9.2　演示文稿的美化

任务描述

小刘已参照素材完成了演示文稿的文字录入，但在 PowerPoint 2016 演示文稿中，文字的表达能力较弱，无法全面地传达自己的想法；且文字的表达形式过于单一，容易使观看者产生疲惫。故小刘准备依托现有演示文稿的内容，改进演示文稿中各幻灯片的呈现方式，使整个演示文稿多元化。

任务分析

完成该任务的操作思路如下。

步骤1：打开 PowerPoint 2016 演示文稿。

步骤2：设置幻灯片母版。

步骤3：借助于"插入"选项卡中的按钮，在演示文稿中插入表格、形状、图片、SmartArt 图形、音频或视频文件，增强演示文稿的表达能力。

步骤4：测试演示文稿。

步骤5：保存演示文稿。

知识指导

活动 1　设置幻灯片母版

制作幻灯片过程中可以通过幻灯片母版来统一设置幻灯片的外观。幻灯片母版的作用是统一和存储幻灯片的母版信息，在对母版进行编辑后，可快速生成相同样式的幻灯片。通常情况下，如果要将 LOGO 图案、标题和文本格式或者某种特殊效果运用到每张幻灯片中，就可以使用母版功能。

PowerPoint 2016 母版有幻灯片母版、讲义母版和备注母版 3 种，其作用和视图各不相同。

1. 幻灯片母版

打开"视图"选项卡，在"母版视图"组中单击"幻灯片母版"按钮，即可进入幻灯片母版视图。在幻灯片母版视图中，左侧为"幻灯片版式选择"窗格，右侧为"幻灯片母版编辑"窗格，如图 9-16 所示，选择相应的幻灯片版式后，便可在右侧对其标题和文本的格式进行设置。

幻灯片母版有 5 个占位符：标题区、文本区、日期区、页脚区、幻灯片编号区，修改后可以影响所有基于该母版的幻灯片，如图 9-17 所示。

（1）标题区：用于设置幻灯片标题的字体格式。

（2）文本区：用于所有幻灯片主题文本的格式设置，可以改变文本的字体效果以及项目符号和编号等。

（3）日期区：用于页眉/页脚上日期的设置。

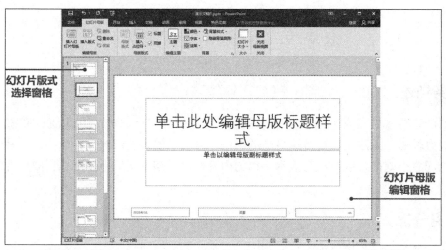

图 9-16　幻灯片母版视图

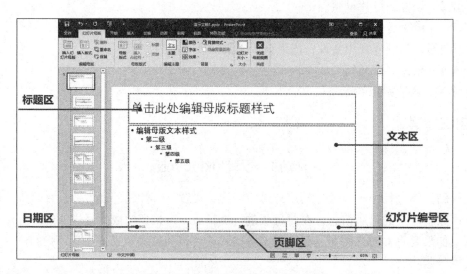

图 9-17　幻灯片母版的 5 个占位符

（4）页脚区：用于页眉/页脚上说明性文字的添加和格式设置。

（5）幻灯片编号区：用于页眉/页脚上自动页面编号的添加和格式设置。

（6）编辑幻灯片母版和编辑幻灯片的方法类似，在选择幻灯片版式后便可对母版中的文本样本进行设置，也可以给每张幻灯片都添加对象，比如将图片、声音、文本等全部添加到母版中，完成后打开"幻灯片母版"选项卡，单击"关闭母版视图"按钮，退出母版。

2. 讲义母版

打开"视图"选项卡，在"母版视图"组中单击"讲义母版"按钮，即可进入讲义母版视图，如图 9-18 所示。

讲义母版用于控制幻灯片以讲义文稿形式打印的格式，可设置页码（并非幻灯片编号）、页眉和页脚等，也可设置每页张幻灯片的数量等。

项目9　演示文稿制作与放映

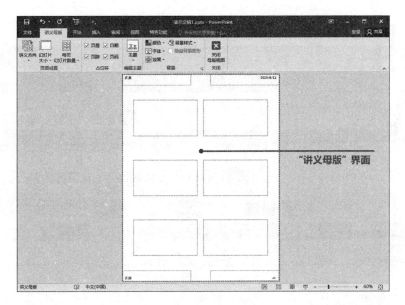

图 9-18　讲义母版视图

3. 备注母版

打开"视图"选项卡，在"母版视图"组中单击"备注母版"按钮，即可进入备注母版视图，如图 9-19 所示。

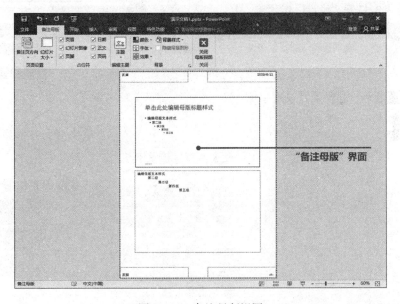

图 9-19　备注母版视图

活动 2　设置幻灯片主题

幻灯片主题是指演示文稿提供的颜色、字体和效果搭配的模板，应用这些主题模板，可以美化幻灯片版式、统一幻灯片风格。打开"设计"选项卡，单击"主题"组中的任一主题选项即可应用相应主题，如图 9-20 所示。

图 9-20 幻灯片主题

应用主题后，PowerPoint 2016 提供多种主题的颜色、字体、效果和背景样式。用户可以在"设计"选项卡的"变体"组中选择这些方案，实现快速更换幻灯片主题的颜色及字体等效果搭配，如图 9-21 所示。

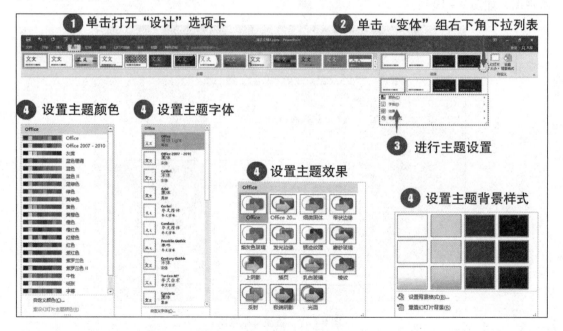

图 9-21 幻灯片主题设置

活动3　设置幻灯片背景

在 PowerPoint 2016 中，设置幻灯片背景就是添加一种背景样式。在演示文稿中添加背景时，首先单击要添加背景样式的幻灯片，然后打开"设计"选项卡，在"自定义"组中

项目9 演示文稿制作与放映

单击"设置背景格式"按钮，即可在演示文稿右侧的"设置背景格式"窗格中进行设置，如图9-22所示。

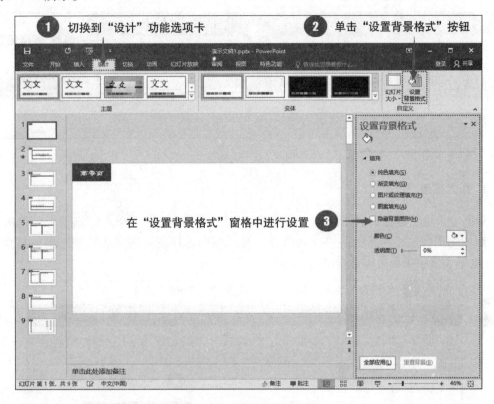

图9-22 设置幻灯片背景

"设置背景格式"窗格中有纯色填充、渐变填充、图片或纹理填充、图案填充4种背景设置方式，用户可按照需求进行设置。如果要使幻灯片中设置的背景适用于整个演示文稿，可单击"设置背景格式"窗格左下方的"全部应用"按钮；如果想要将幻灯片中设置的背景清除，可单击"设置背景格式"窗格下方的"重置背景"按钮。

活动4 使用幻灯片对象

1. 插入表格

如果需要在演示文稿中添加排列整齐的数据，可以通过表格来完成。用户可以在"插入"选项卡中，单击"表格"组中的表格按钮来插入表格，如图9-23所示。

图9-23 插入表格

— 155 —

在演示文稿中插入表格后,可在"表格工具"→"设计"和"表格工具"→"布局"选项卡中对所选表格进行设置,如图 9-24 所示。

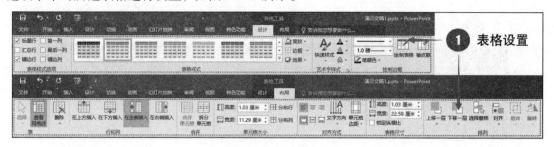

图 9-24　表格设置

2. 插入图表

用图表来展示数据,会使数据更容易理解。用户可以打开"插入"选项卡,单击"插入"组中的图表按钮,然后在"插入图表"对话框中选择所需的图表类型,最后在弹出的 Excel 电子表格中录入所需数据即可,如图 9-25 所示。

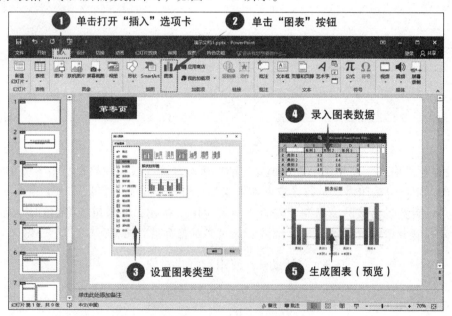

图 9-25　插入图表

在演示文稿中插入图表后,可在"图表工具"→"设计"和"图表工具"→"格式"选项卡中对图表进行设置,如图 9-26 所示。

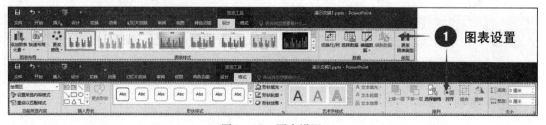

图 9-26　图表设置

项目 9　演示文稿制作与放映

3. 插入图片

文字在演示文稿中最大的优势是能够进行准确表达，但过多文字会造成演示文稿主题不明确、重点不突出。为了能够更充分地表达出幻灯片的主题，经常会用到插入图片的功能，用户可以打开"插入"选项卡，单击"图像"组中的"图片"按钮来插入图片，如图 9-27 所示。

图 9-27　插入图片

在幻灯片中插入图片后，用户可以在"图片工具"→"格式"选项卡中对图片的颜色、效果、图片样式、排列、大小等进行设置，如图 9-28 所示。

图 9-28　图片设置

4. 插入 SmartArt 图形

SmartArt 图形是信息的视觉表示形式，用户可以打开"插入"选项卡，单击"插入"组中的 SmartArt 图标，即可插入 SmartArt 图形，如图 9-29 所示。

图 9-29　插入 SmartArt 图形

在幻灯片中插入 SmartArt 图形后，用户可以在"SmartArt 工具"→"设计"和"SmartArt 工具"→"格式"选项卡中对 SmartArt 图形进行版式、颜色、样式等方面的设置，如图 9-30 所示。

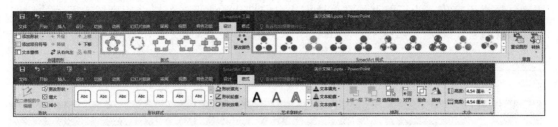

图 9-30 SmartArt 图形设置

5. 插入音频文件

幻灯片中除了可以包含文本和图形外，还可以插入音频媒体对象，这些多媒体元素的使用，可以使幻灯片的表现力更丰富。

1）插入声音

在 PowerPoint 2016 里插入音频的操作步骤如下。

步骤1：打开"插入"选项卡。

步骤2：单击"媒体"组中的"音频"按钮。

步骤3：在弹出的下拉列表中选择"PC 上的音频"命令。

步骤4：在弹出的"插入音频"对话框中查找并选择音频文件进行插入。

步骤5：插入音频文件后，在幻灯片中会出现小喇叭形状的声音图标，如图 9-31 所示。

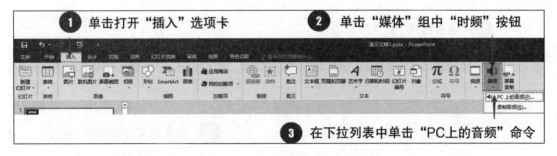

图 9-31 插入音频文件

步骤6：单击小喇叭图标，会激活"音频工具"→"播放"选项卡，在其中可以编辑音频、设置音量、设置音频播放的时机等，如图 9-32 所示。

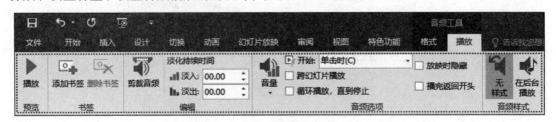

图 9-32 音频文件设置

常用的声音设置有以下几种。

（1）在多张幻灯片中播放：在"动画窗格"中选择音频效果行右侧的下拉三角按钮，在弹出的列表中选择"效果选项"，打开"播放音频"对话框，可再次设置声音何时开始、到何时停止播放，如图9-33所示。

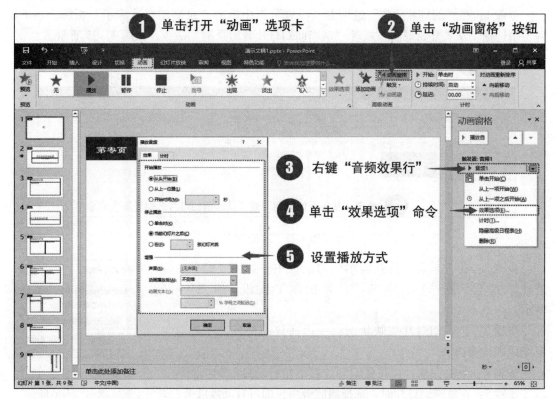

图9-33　在多张幻灯片中播放

（2）跨幻灯片播放：在默认情况下，声音只会出现在当前幻灯片，切换到其他幻灯片时则会停止，在"音频工具"→"播放"选项卡中选中"音频选项"组中的"跨幻灯片播放"复选框，即可实现演示文稿中音频的持续播放。

（3）循环播放声音直到幻灯片结束：在"音频工具"→"播放"选项卡中，选中"音频选中"组中的"循环播放，直到停止"复选框，即可实现此效果，如图9-34所示。

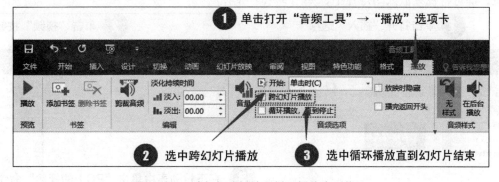

图9-34　跨幻灯片播放和循环播放直到停止

2）录制旁白

在没有解说员或者演讲者的情况下，可事先为演示文稿录制旁白，在放映幻灯片时，使用旁白讲解幻灯片的主题内容，可使演示文稿的内容更容易让观众理解。在幻灯片中插入旁白，首先需要录制旁白，录制方法如下。

步骤1：在"幻灯片放映"选项卡"设置"组中单击"录制幻灯片演示"按钮，在下拉列表中选择"从头开始录制"或者"从当前幻灯片开始录制"命令，如图9-35所示。

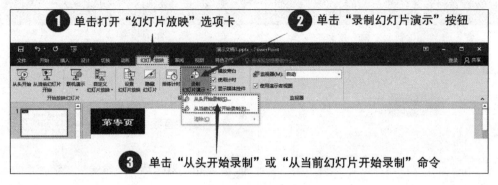

图9-35　录制旁白

步骤2：在"录制幻灯片演示"对话框中，勾选"旁白、墨迹和激光笔"复选框，单击"开始录制"按钮，如图9-36所示。

步骤3：进入幻灯片放映状态，一边播放幻灯片，一边对着麦克风朗读旁白。

步骤4：录制完毕，在每张幻灯片右下角自动显示喇叭图标。

步骤5：在放映幻灯片时，选择播放旁白，即可自动播放旁白。

图9-36　"录制幻灯片演示"对话框

6. 插入视频文件

在 PowerPoint 2016 中可以插入自带的剪切画视频（.gif 动画图片），也可以将来自文件的视频插入演示文稿中。

在"插入"选项卡"媒体"组中单击"视频"按钮，在弹出的下拉列表中选择"PC上的视频"命令，打开"插入视频文件"对话框，选择要插入的视频文件，单击"插入"按钮，即可将视频嵌入幻灯片中，如图9-37所示。

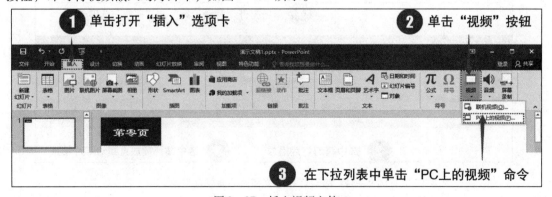

图9-37　插入视频文件

当放映到视频图标所在的幻灯片时，视频会自动播放，或单击视频图标后，可以播放视频。

任务实施

为了丰富延安精神演示文稿的表达效果，增强幻灯片播放时的观赏性，现对该演示文稿进行适当的修饰和美化，具体按照以下实施步骤完成实施。

步骤1：打开 PowerPoint 2016 演示文稿。双击打开"延安精神.pptx"文件，进入 PowerPoint 2016 工作界面。

步骤2：设置幻灯片母版。在"视图"选项卡"母版视图"中单击"幻灯片母版"按钮，对"标题幻灯片"母版、"仅标题"母版和"空白"母版进行设置。

1）"标题幻灯片"母版设置

将素材中的"红色底色""背景文字""红色底边""红旗""建筑物背景""镰刀和锤头""士兵"图片依次插入"标题幻灯片"母版中，具体步骤如下。

（1）选择"标题幻灯片"母版中各占位符，并在右键菜单中单击"置于顶层"→"置于顶层"命令，如图9-38所示。

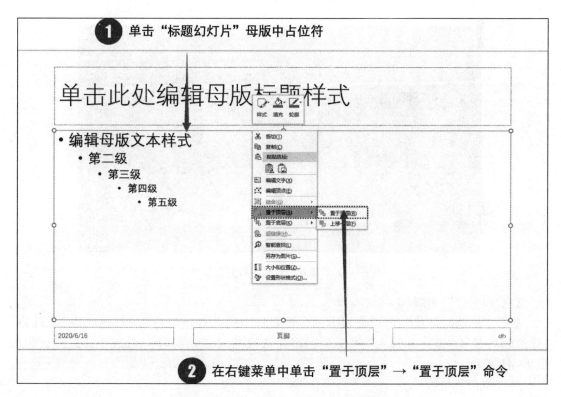

图9-38 编辑"标题幻灯片"母版占位符

（2）在"标题幻灯片"母版中插入"红色底色"图片，并设置为"置于底层"→"置于底层"，如图9-39所示。

（3）在"标题幻灯片"母版中依此插入"背景文字""红色底边""红旗""建筑物背景""士兵"图片，并设置为"置于底层"→"下移一层"，最终效果如图9-40所示。

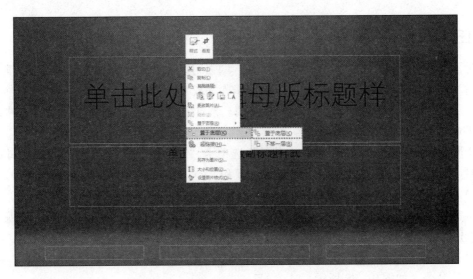

图9-39 编辑"标题幻灯片"母版背景

图9-40 "标题幻灯片"母版背景效果

2)"仅标题"母版

参照"标题幻灯片"母版设置方式,将素材中的"红色底色""红色底边""红旗""建筑物背景""镰刀和锤头""士兵"图片依次插入"仅标题"母版中,最终效果如图9-41所示。

3)"空白"母版

参照"标题幻灯片"母版设置方式,将素材中的"红色底边""红旗""建筑物背景""士兵"图片依次插入"仅标题"母版中,最终效果如图9-42所示。

步骤3:美化演示文稿。

1)第1张幻灯片

(1)删除标题占位符中的文字。

(2)在"插入"选项卡"图像"组中单击"图片"按钮,插入素材中的"延安精神"

图 9-41 "仅标题"母版背景效果

图 9-42 "空白"母版背景效果

图片。

（3）选择副标题占位符中的文字，设置字体为"华文行楷"，字号为32。单击"开始"选项卡"字体"组中"字体颜色"按钮右侧的下拉箭头，单击"取色器"命令，取出"弘扬延安精神"中的金色，效果如图 9-43 所示。

图 9-43 第 1 张幻灯片

2)第2张幻灯片

(1)单击"插入"选项卡"文本"组中的"文本框"按钮,单击"竖排文本框"选项。将"目录"两个字输入文本框中,并设置字体为"华文行楷",颜色为"暗红色",字号为80,对齐方式为"居中"。

(2)单击"插入"选项卡"表格"组中的"表格"按钮,创建一个4行1列的表格;将第2张幻灯片的目录信息添加到表格的单元格中,并将表格边框和底纹设置为"无边框"和"无填充颜色",效果如图9-44所示。

图9-44 第2张幻灯片

3)第3张幻灯片

选择占位符中的文字,设置字体为"华文行楷",字号为44。使用取色器,将文字颜色设置为金色,效果如图9-45所示,此外,第5张和第9张幻灯片的设置与第3张幻灯片相同。

图9-45 第3张幻灯片

4)第4张幻灯片

(1)在"插入"选项卡"图像"组中单击"图片"按钮,插入素材中的"镰刀和锤头"图片,并将图片放置在幻灯片的左上角。

(2)在"插入"选项卡"文本"组中单击"文本框"按钮,在第4张幻灯片的左上角插入一个横排文本框,录入信息"01 延安精神的形成和发展",并设置文字字体为"华文行楷",字号为28,字体颜色为"深红色"。

(3)在"插入"选项卡"插图"组中单击SmartArt按钮,在弹出的对话框中选择"流程"中的"向上箭头"SmartArt图形。在"SmartArt工具"→"设计"选项卡的"SmartArt样式"组中,将"向上箭头"设置为"平面场景";在"SmartArt工具"→"格式"选项卡中,将"向上箭头"图形中箭头颜色设置为"金色",圆点的颜色设置为"暗红色"。

(4)将原先第4张幻灯片中的信息录入"向上箭头"图形中,效果如图9-46所示。

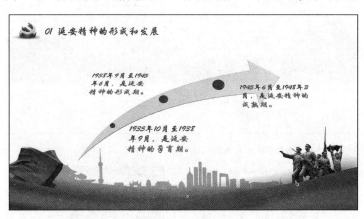

图9-46 第4张幻灯片

5)第6张幻灯片

(1)将第4张幻灯片中的"镰刀和锤子"LOGO和"02延安精神的主要内容"复制到当前幻灯片中。

(2)在"插入"选项卡"插图"组中单击"形状"按钮,在弹出的下拉列表中选择"正六边形"。在"绘图工具"→"格式"选项卡的"形状样式"组中设置"正六边形"的显示效果,其中,"形状填充"设置为"无填充颜色","形状轮廓"中"粗细"设置为"6磅","颜色"设置为"暗红色"。并且在幻灯片中将设置好的六边形复制粘贴6次,将复制的6个六边形放在幻灯片的右侧。

(3)在"插入"选项卡"插图"组中单击"形状"按钮,在弹出的下拉列表中选择"虚尾箭头",在"绘图工具"→"格式"选项卡"的形状样式"组中将"虚尾箭头"设置为"暗红色"。

(4)将第6页幻灯片之前的文字信息录入横排文本框中,效果如图9-47所示。

6)第7张幻灯片

(1)将第4张幻灯片中的"镰刀和锤子"LOGO和"02延安精神的主要内容"复制到当前幻灯片中。

(2)在"插入"选项卡"图像"组中单击"图片"按钮,插入素材中的"整风精神"和"南泥湾精神"图片,并将两个图片分别放在幻灯片的左下方和右上方。

(3)调整本页幻灯片中文字位置,效果如图9-48所示。

7)第8张幻灯片

(1)将第4张幻灯片中的"镰刀和锤子"LOGO和"02延安精神的主要内容"复制到当前幻灯片中。

(2)在"插入"选项卡"图像"组中单击"图片"按钮,插入素材中的"白求恩精

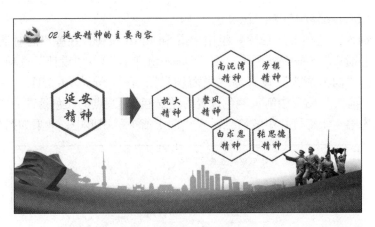

图 9-47　第 6 张幻灯片

图 9-48　第 7 张幻灯片

神"和"张思德精神"图片，并将两个图片分别放在幻灯片的左上方和右下方，调整本页幻灯片中文字位置，效果如图 9-49 所示。

图 9-49　第 8 张幻灯片

8）第 10 张幻灯片

（1）将第 4 张幻灯片中的"镰刀和锤子"LOGO 复制到当前幻灯片中，并添加文字

"03 延安精神的时代价值"。

（2）在"插入"选项卡"插图"组中单击"形状"按钮，在下拉列表中单击直线和圆形，绘制出实线、虚线、空心圆、实心圆。并在"绘图工具"→"格式"选项卡的"形状样式"组中将这4种形状的颜色设置为"深红色"。

（3）将本页幻灯片原先的文字进行调整，最终使得文字和图形的呈现效果如图9-50所示。

图9-50　第10张幻灯片

步骤4：测试演示文稿。至此完成了延安精神演示文稿的背景设置和美化，在"幻灯片放映"选项卡"开始放映幻灯片"组中，单击"从头开始"按钮，观看演示文稿的放映效果，如果有不满意的地方，可返回普通视图进行修改。如此反复，直到满意为止。

步骤5：保存演示文稿。保存演示文稿后退出PowerPoint 2016。

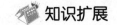知识扩展

活动1　插入LOGO图标

在演示文稿中，经常需要将公司的LOGO图标放置在所有幻灯片的某个位置进行显示，此时可以将LOGO图像插入幻灯片母版中。具体方法是：在幻灯片母版视图中，选择左侧第一张幻灯片版式，然后在右侧编辑区插入图片，调整图片的大小和位置即可。如果只需要部分幻灯片显示LOGO，则分别在左侧窗格选择各种版式，然后再插入或者粘贴图片。操作完毕，关闭幻灯片母版视图即可。

活动2　合并形状功能

PowerPoint 2016提供了"合并形状"功能，这组功能分布在"绘图工具"→"格式"选项卡的"插入形状"组内，并且只有当我们选择多个形状、文本框或图片时才会激活，如图9-51所示。利用"合并形状"功能，可以方便地完成各种几何形状的子交并补运算，从而快速绘制出想要的形状。

合并得到的形状可以和普通形状一样拉伸、填充、完成各种操作，要注意的是，形状的先后选取顺序对最终的形状有很大影响。

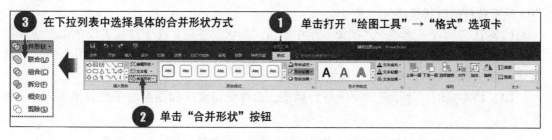

图 9-51 合并形状

任务扩展

任务描述：为了丰富"弘扬梁家河精神"演示文稿的表达效果，增强幻灯片的观赏性，需要对该演示文稿进行美化。

任务要求：
(1) 在各张幻灯片的右上角插入 LOGO 图标（第 1 张幻灯片除外）。
(2) 在整个演示文稿的呈现上，充分使用图片、形状、SmartArt 图形、表格。
(3) 除标题幻灯片外，所有幻灯片设置为自动更新日期、幻灯片编号和页脚。
(4) 插入背景音乐，声音文件可自行在网上搜索。
(5) 制作完成后，保存演示文稿。

任务9.3　演示文稿动画效果的设置

任务描述

小刘已通过插入表格、形状、图片、SmartArt 图形、音频和视频文件改进了演示文稿中各幻灯片的呈现方式，但整个演示文稿的视觉效果并不突出。所以小刘准备在现有演示文稿基础上，增设动画效果和切换效果，以增强演示文稿的视觉冲击力。

任务分析

完成该任务的操作思路如下。
步骤1：打开 PowerPoint 2016 演示文稿。
步骤2：设置动画效果。
步骤3：设置切换效果。
步骤4：设置超链接。
步骤5：测试演示文稿。
步骤6：保存演示文稿。

知识指导

活动1　设置动画效果

在制作演示文稿过程中，不但可以对文本进行编辑，还可以对文本、图像、音频、视频等多媒体对象进行动画设计，以丰富幻灯片的演示效果，增强幻灯片的观赏性。

1. 动画效果简介

在 PowerPoint 2016 中可以为每张幻灯片中的各种对象添加动画效果，包括进入、退出、强调和动作路径。

（1）进入：反映文本或其他对象在幻灯片放映时进入放映界面的动画效果。
（2）退出：反映文本或其他对象在幻灯片放映时退出放映界面的动画效果。
（3）强调：反映文本或其他对象在幻灯片放映过程中需要强调的动画效果。
（4）动作路径：指某个对象在幻灯片放映过程中的运动轨迹。

2. 添加动画效果

在 PowerPoint 2016 中，为幻灯片中的对象添加动画效果的具体操作步骤如下。
步骤1：选中要设置动画的对象。
步骤2：打开"动画"选项卡，打开"动画"组中的动画样式库列表，在其中单击某动画效果选项，即可添加该动画效果，如图9-52所示。

在动画样式库中，进入效果图标呈绿色、强调效果图标呈黄色、退出效果图标呈红色。如果需要添加其他更多的动画效果，单击动画样式库列表下方的选项，可以打开相应的对话

信息技术基础与应用（Windows 10 + Office 2016）

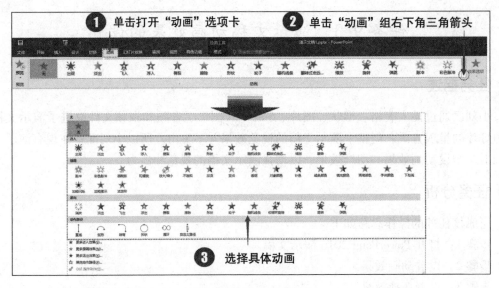

图 9-52 添加动画效果

框进行选择，如图 9-53 所示。

图 9-53 "更改进行效果""更改强调效果""更改退出效果"

  为对象添加动画效果后，系统将自动在幻灯片编辑窗口放映设置的动画，从而方便用户预览并确定是否采用该动画效果，同时，在添加动画的对象旁会出现数字标识，代表添加动画的先后顺序，也代表播放动画的顺序。在"动画"选项卡"预览"组中单击"预览"按钮，可随时观看该幻灯片中的所有动画。

  为对象设计动画时，可以单独使用一种动画，也可以将多种动画效果组合在一起使用。方法如下：选中带有动画的对象，单击"动画"选项卡"高级动画"组中的"添加动画"按钮，在打开的下拉列表中进行设置，如图 9-54 所示。

项目 9　演示文稿制作与放映

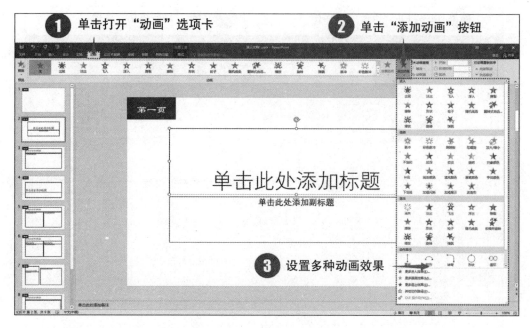

图 9-54　多种动画效果设置

3. 设置动画效果

为对象添加动画效果后，还可以对已经添加的动画效果进行调整设置，使动画在播放时更具有条理。设置动画效果选项主要包括设置动画播放参数、调整动画播放顺序和删除动画。

1）设置动画播放参数

默认的动画效果是按照添加的顺序逐一播放，默认的动画开始方式是"单击时"，动画播放速度以及时间都是统一的。用户可以在"动画"选项卡"计时"组中根据需求进行设置，如图 9-55 所示。

图 9-55　设置动画播放参数

（1）设置动画开始方式：在"开始"下拉列表中选择动画开始播放的时间，包括"单击时""与上一动画同时"和"上一动画之后"。

（2）设置动画持续时间：在"持续时间"数值框中输入播放动画的持续时间。

（3）设置动画延迟时间：在"延迟"数值框中输入在上一个动画播放后经过多少秒再播放该动画。

（4）调整动画顺序：单击"向前移动"或"向后移动"按钮可将所选动画的播放顺序向前或者向后移动。

2）动画窗格设置

更多动画效果设置可通过"动画窗格"来完成。在"动画"选项卡"高级动画"组中单击"动画窗格"按钮，可以打开动画窗格。在动画窗格中列出了当前幻灯片中对象所应用的动画效果选项，单击动画右侧的三角按钮，在弹出列表中显示动画的开始方式、效果、计时以及删除动画等选项，如图 9-56 所示。

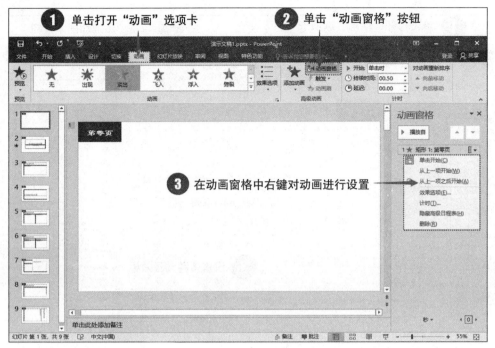

图 9-56 动画窗格设置

活动 2　设置切换效果

幻灯片切换是指在放映幻灯片时移走屏幕上已有的幻灯片，显示下一张幻灯片的过程，幻灯片的切换方式是指放映时离开幻灯片和进入幻灯片时所产生的视觉效果。PowerPoint 2016 中提供了多种幻灯片的切换效果，不仅可以使幻灯片的过渡衔接更为自然，而且还能更加吸引观众的注意力。

设置幻灯片切换效果的方法如下。

步骤 1：选中要应用切换效果的幻灯片。

步骤 2：在"切换"选项卡"切换到此幻灯片"组中选择应用于该幻灯片的切换效果。

步骤 3：此时所设置的幻灯片切换效果只适用于所选幻灯片，若需要应用于全部幻灯片，可在"切换"选项卡"计时"组中选择"全部应用"即可。

步骤 4：在设置完切换效果后，可单击"切换"选项卡"切换到此幻灯片"组中的"效果选项"按钮，即可设置切换动画的效果。

步骤 5：在"切换"选项卡"计时"组中设置幻灯片的切换声音、持续时间以及换片方式，如图 9-57 所示。

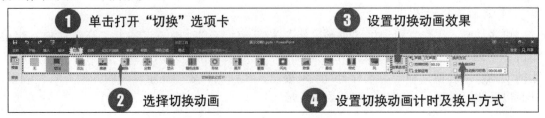

图 9-57 设置切换效果

活动 3　设置超链接

PowerPoint 2016 的超链接功能能够让幻灯片播放不受顺序限制，并且可以随时打开其他文件、网页或跳转到其他幻灯片，使幻灯片拥有交互链接功能。

1. 插入超链接

可以为幻灯片中的所有对象设置超链接，如文本、图片等，具体操作方法如下。

步骤 1：选中要设置超链接的对象，在"插入"选项卡"链接"组中单击"超链接"按钮；或者右键选中对象，在弹出的菜单中单击"超链接"命令，打开"插入超链接"对话框，如图 9-58 和图 9-59 所示。

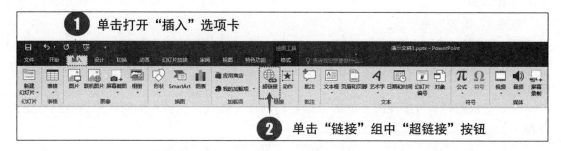

图 9-58　插入超链接

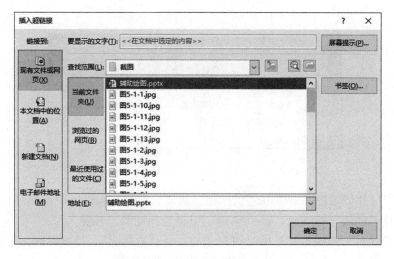

图 9-59　"插入超链接"对话框

步骤 2：在"插入超链接"对话框中"链接到"区域选择链接方式，在"查找范围"文本框中选择要链接的具体位置。

步骤 3：单击"确定"按钮，完成超链接设置。如果是对文字插入超链接，超链接文字会变成应用主题所设置的链接颜色，同时，超链接文字带有下划线，并且不能修改。

2. 编辑超链接

如果需要对超链接进行修改，先选定该对象，在"插入"选项卡"链接"组中单击

"超链接"按钮进行设置。

3. 删除超链接

如果需要取消超链接,右键选中该对象,在弹出的菜单中单击"取消超链接"命令即可。

任务实施

为了丰富延安精神演示文稿的视觉效果,增强幻灯片播放时的观赏性,现对该演示文稿设置动画和切换效果,具体按照以下步骤完成。

步骤1:打开 PowerPoint 2016 演示文稿,双击打开"延安精神.pptx",进入 PowerPoint 2016 工作界面。

步骤2:设置动画效果。

1) 在幻灯片母版中设置动画效果

为了动画播放风格统一,可以在幻灯片母版中对共性的动画效果进行设置,具体操作方法如下。

(1) 进入幻灯片母版视图,单击"标题幻灯片"版式,然后在编辑区中选择副标题占位符。

(2) 打开"动画"选项卡,在"动画"组里选择动画"擦除"。

(3) 在"计时"组中设置开始时间为"上一动画之后",持续时间为1秒,如图9-60所示。

图9-60 在幻灯片母版中设置动画效果

(4) 在幻灯片母版视图中单击"仅标题"版式,然后在编辑区中选择"标题"占位符。
(5) 打开"动画"选项卡,在"动画"组里选择动画"擦除"。
(6) 在"计时"组中设置开始时间为"与上一动画同时",持续时间为1秒。
(7) 设置完成后,关闭幻灯片母版视图,返回普通视图。

2) 在幻灯片中设置动画效果

通过母版可以完成共性的动画设计,但个性的动画效果依然需要单独进行设计,具体的动画设置如下。

(1) 切换到第1张幻灯片,选择幻灯片中的"弘扬延安精神"图片;打开"动画"选项卡,选择动画"擦除";在"效果选项"里设置动画的显示方向为"从左到右";在"计时"组里设置开始时间为"与上一动画同时",持续时间为1秒。

(2) 切换到第2张幻灯片,选择幻灯片中的"目录"文本框,设置动画"擦除",显示方向为"从上到下",持续时间为1秒;选择幻灯片中的表格,设置动画"擦除",显示方向为"从左到右",开始时间为"在上一动画之后",持续时间为1秒。

（3）切换到第4张幻灯片,选择幻灯片中的 SmartArt 图形,设置动画"擦除",显示方向为"从左到右",持续时间为2秒。

（4）切换到第6张幻灯片,选择幻灯片中"延安精神"形状,设置动画"擦除",显示方向为"从左到右",持续时间为1秒;再选择幻灯片中的虚尾箭头,设置动画"擦除",显示方向为"从左到右",开始时间为"在上一动画之后",持续时间为1秒;然后使用"动画刷"完成其他形状的动画效果设置。

（5）切换到第7张幻灯片,选择"整风精神"的照片和文字,设置动画"擦除",显示方向为"从左到右",持续时间为1秒;选择"南泥湾精神"的照片和文字,设置动画"擦除",显示方向为"从左到右",开始时间为"在上一动画之后",持续时间为1秒。

（6）切换到第8张幻灯片,第8张幻灯片的动画效果设置方法与第7张幻灯片相同。

（7）切换到第10张幻灯片,选择幻灯片内所有形状和文字,设置动画"擦除",显示方向为"从左到右",持续时间为1秒。

步骤3：设置切换效果。选中第1张幻灯片,打开"切换"功能选项卡,选择"帘式"切换效果,设置持续时间为3秒。其余各张幻灯片的切换效果设置方式与第1张幻灯片类似,只是切换效果本身略有不同,其中第2张幻灯片切换效果为"切换";第3张和第4张幻灯片切换效果为"蜂巢";第5~第8张幻灯片切换效果为"立方体";第9张和第10张幻灯片切换效果为"传送带";第11张和第12张幻灯片的切换效果为"摩天轮"。

步骤4：设置超链接。切换到第6张幻灯片,右击"抗大精神"文字,在弹出的菜单中选择"超链接"命令,在打开的对话框中单击"现有文件或网页"选项,在地址栏输入"https://baike.baidu.com/item/延安抗大精神/6169983?fr = aladdin",单击"确定"按钮即可,如图9-61所示。用同样的方法为其他5个文本框设置超链接,使之链接到相应的百度百科内容中。

图9-61 设置超链接

步骤5：测试演示文稿。至此完成了延安精神演示文稿的背景设置和美化,在"幻灯片放映"选项卡"开始放映幻灯片"组中单击"从头开始"按钮,观看演示文稿的放映效果,如果有不满意的地方,可返回普通视图进行修改,如此反复,直到满意为止。

步骤6：保存演示文稿。保存演示文稿后退出 PowerPoint 2016。

知识扩展

活动1　为 SmartArt 设置逐个动画

SmartArt 图形从本质上来看就是组合在一起的形状，在为 SmartArt 图形设置动画时，既可以让整个对象产生动画效果，也可以让其中的各个形状模块分别产生动画效果。如果需要在演示中一次展现 SmartArt 图形中的各个部分，通常采用后者。

接下来以"淡出"动画效果为例进行说明，为 SmartArt 添加逐个淡出动画的具体方法为：首先选中整个 SmartArt 图形，然后为其添加进入效果"淡出"；然后在"动画"选项卡"动画"组中单击"效果选项"按钮，在下拉列表中单击"逐个"命令即可，如图9－62所示。

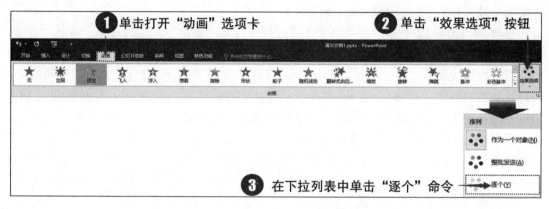

图9－62　SmartArt 逐个显示动画

任务扩展

任务描述：为了丰富"弘扬梁家河精神"演示文稿的显示效果，增强幻灯片播放时的观赏性，需要对该演示文稿进行美化。

任务要求：

（1）为所有幻灯片设置动画效果，具体动画自选。

（2）为所有幻灯片设置切换效果，每个章节的切换效果不能相同。

（3）在所有幻灯片上创建至少3个超链接，可链接到当前演示文稿的幻灯片，也可链接到网页。

项目 9　演示文稿制作与放映

任务 9.4　演示文稿的放映

任务描述

小刘的演示文稿已基本完成，为保证演示文稿能正常播放，小刘准备设置幻灯片放映方式，并计划将幻灯片备份输出成 PDF 文件和视频文件，以防汇报当天由于硬件或软件的原因无法正常播放演示文稿。

任务分析

完成该任务的操作思路如下。
步骤 1：打开 PowerPoint 2016 演示文稿。
步骤 2：设置幻灯片放映方式。
步骤 3：放映幻灯片。
步骤 4：输出幻灯片。

知识指导

活动 1　放映幻灯片

1. 幻灯片的放映控制

1）启动幻灯片

在 PowerPoint 2016 中，单击"幻灯片放映"选项卡"开始放映幻灯片"组中的"从头开始"按钮，或按快捷键 F5，即可开始播放幻灯片。

如果不从头放映幻灯片，单击"幻灯片放映"选项卡"开始放映幻灯片"组中的"从当前幻灯片开始"按钮或按 Shift + F5 组合键，即可从当前幻灯片开始播放，如图 9 – 63 所示。

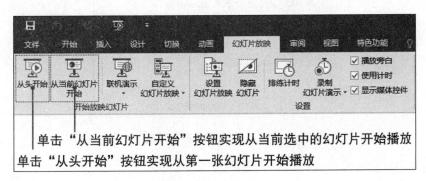

图 9 – 63　启动幻灯片

在幻灯片放映过程中，按 Ctrl + H 组合键和 Ctrl + A 组合键能够分别实现隐藏、显示鼠标指针的操作。

2）控制幻灯片放映

查看整个演示文稿最简单的方式是移动到下一张幻灯片,用户可以通过 Enter 键、鼠标单击等方法实现幻灯片的切换。

演示者在播放幻灯片时,往往会因为不小心单击到指定对象以外的空白区域而直接跳到下一张幻灯片,导致错过了一些需要通过单击触发的动画。此时,打开"切换"选项卡,取消选中"计时"组中"换片方式"下的"单击鼠标时"复选框,即可禁止单击换片功能,如图 9-64 所示。这样一来,当需要切换幻灯片时,只能通过在右键菜单中选择"下一张"命令来实现。

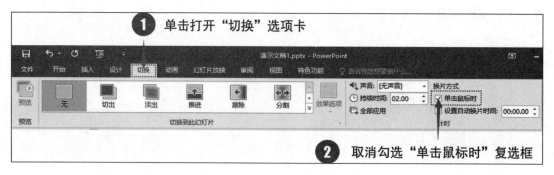

图 9-64　禁止单击更换幻灯片

在幻灯片播放时,单击右键菜单"指针选项"级联菜单中的"笔"或者"荧光笔"命令可以实现画笔功能。通过画笔可以在屏幕上勾画重点,以达到突出和强调的作用。如果要使鼠标指针恢复箭头形状,单击"指针选项"级联菜单中的"箭头"命令即可,如图 9-65 所示。

图 9-65　幻灯片画笔功能

3)退出幻灯片放映

如果想退出幻灯片的放映,可以按 Esc 键或 - 键结束放映。

2. 幻灯片的放映时间

通过设置自动切换,幻灯片能够在无人操作的展台前通过大型投影仪进行自动放映。

项目9　演示文稿制作与放映

通过两种方法可以设置幻灯片在屏幕上显示时间的长短。第一种方法是人工为每张幻灯片设置时间，再放映幻灯片查看设置的时间是否恰到好处；另一种方法是使用排练计时功能，在排练时自己记录时间。

1）人工设置幻灯片放映时间

如果要人工设置幻灯片的放映时间，首先选择要设置放映时间的幻灯片，然后打开"切换"选项卡，在"计时"组中选中"设置自动换片时间"复选框，最后在右侧的微调框中输入希望幻灯片在屏幕上显示的秒数，如图9-66所示。

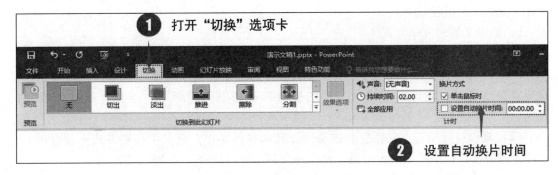

图9-66　人工设置幻灯片放映时间

2）使用排练计时设置幻灯片放映时间

使用排练计时可以为每张幻灯片设置放映时间，使幻灯片能够按照设置的排练计时时间自动放映，操作步骤如下。

步骤1：打开"幻灯片放映"选项卡，单击"设置"组中的"排练计时"按钮，此时开始播放幻灯片，并出现"录制"工具栏，通过它进行幻灯片演示的排练计时，如图9-67所示。

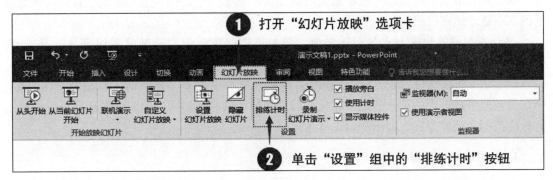

图9-67　排练计时

步骤2：若设置了动画，计时器将把每个动画对象显示的时间都记录下来。

步骤3：演示过程中自动计时，本项显示完毕后，单击"下一项"按钮即可记录本项的放映时间，并开始记录下一项的显示及计时。若需暂停计时，可以单击"暂停录制"按钮，再次单击它可恢复计时。若本幻灯片需要重新排练计时，可以单击"重复"按钮。

步骤4：排练计时过程中可以随时终止排练，方法是单击鼠标右键，在弹出的菜单中选择"结束放映"命令。

步骤5：最后一张幻灯片排练计时结束后，弹出对话框，其中显示了本次排练的时间，并询问是否保留排练时间，若回答"是"，则保存该排练时间，否则本次排练计时无效。

经过排练计时的演示文稿，放映时无须人工干预，将按照排练计时的时间自动放映，因此适合展台无人值守的幻灯片演示，若设置放映方式为"循环放映 按 Esc 键结束"，则自动按照排练计时的时间反复放映该演示文稿。

3. 幻灯片的放映方式

完成演示文稿制作后，剩下的工作是向观众放映演示文稿，在不同场合选择合适的放映方式才能放映出最佳效果。

1）演示文稿的放映方式

演示文稿的放映方式有以下 3 种。

（1）演讲者放映（全屏幕）：演讲者放映是将演示文稿全屏显示，此种方法适用于会议或者教学场所，演讲者对演示文稿的播放具有完整的控制权，这也是放映最常用的方式。

（2）观众自行浏览：在展会上如果允许观众自己操作，则采用这种方式比较合适。它在计算机屏幕窗口中展示演示文稿，允许观众利用窗口命令控制放映进程。

（3）展台浏览（全屏幕）：这种方式采用全屏幕放映，自动运行演示文稿，适合无人看管的场所，例如展示产品的橱窗和自动播放产品信息的展台等，观众只能观看、不能控制。

2）设置演示文稿的放映方式

演示文稿放映方式的设置方法如下。

（1）在"幻灯片放映"选项卡"设置"组中单击"设置幻灯片放映方式"按钮，打开"设置放映方式"对话框，默认的放映方式是"演讲者放映（全屏幕）"方式。

（2）在"设置放映方式"对话框内"放映选项"中选中"循环放映，按 Esc 键终止"复选框，将在最后一张幻灯片放映结束后自动返回到第一张幻灯片重复放映，直到按下键盘上的 Esc 键才结束放映。

（3）在"设置放映方式"对话框内"放映选项"中选中"放映时不加旁白"复选框，则放映时不播放在幻灯片中添加的声音。

（4）在"设置放映方式"对话框内"放映选项"中选中"放映时不加动画"复选框，则在放映时屏蔽设定的动画效果。在此还可以选择放映时所使用的绘图笔颜色，设置放映幻灯片的范围和换片方式，如图 9-68 所示。

4. 设置投影仪及屏幕显示画面

既然演示文稿是播放给观众看的，那么用户在演示时通过连接无线显示器，并使其在放映时投影在外部显示器上，会更便于大家观看。在 Windows 10 系统中，按 Windows + P 组合键，可以自定义设置显示器的输出方式，如图 9-69 所示。

（1）仅电脑屏幕：画面不显示在外接显示器上，而只在计算机屏幕上显示。

（2）复制：外接显示器上显示的内容与计算机屏幕上的内容是相同的。

（3）扩展：将计算机屏幕与外接显示的屏幕放在一起时，共同组成了一个大的显示器，相当于将显示器加宽。

（4）仅第二屏幕：画面不显示在计算机屏幕上，而仅显示在外接显示器上。

项目9　演示文稿制作与放映

图9-68　设置演示文稿放映方式

图9-69　显示器投影方式

活动2　打包和打印演示文稿

1. 设置页眉和页脚

如果要将幻灯片编号、时间和日期等信息添加到演示文稿的顶部或者底部，可以使用设置页眉和页脚功能，具体操作步骤如下。

步骤1：单击打开"插入"选项卡，在"文本"组中单击"页眉和页脚"按钮，打开"页眉和页脚"对话框。

步骤2：如果要添加日期和时间，选中"日期和时间"复选框，选中"自动更新"或"固定"单选按钮。选中"固定"单选按钮后，可以在下方的文本框中输入要在幻灯片中插入的日期和时间。

步骤3：选中"幻灯片编号"复选框，可为幻灯片添加编号。如果要为幻灯片添加一些批注性的文字，可以选中"页脚"复选框，然后在下方的文本框中输入内容。

步骤4：要使页眉和页脚的内容不显示在标题幻灯片上，可选中"标题幻灯片中不显示"复选框。

步骤5：单击"全部应用"按钮，可以将页眉和页脚的设置应用到所有幻灯片上。如果要将页眉和页脚的设置应用到当前幻灯片中，单击"应用"按钮即可。返回编辑窗口后，便可看到在幻灯片中添加了设置的内容，如图9-70所示。

2. 页面设置

幻灯片的页面设置主要包括调整幻灯片的大小、幻灯片起始编号以及幻灯片的打印方向等。

在"设计"选项卡"自定义"组中，单击"幻灯片大小"按钮，在弹出的下拉列表中选择"自定义幻灯片大小"命令，即可打开"幻灯片大小"对话框，在其中进行所需的页面设置即可，如图9-71所示。

— 181 —

图 9-70　设置页眉/页脚

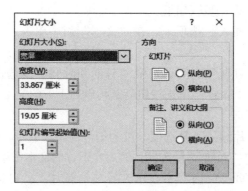

图 9-71　页面设置

3. 打包演示文稿

打包是指将演示文稿和演示文稿中所使用的所有文件（包括链接的外部文件，比如音频文件、图片、动画等），以及 PowerPoint 播放器打包在一起，生成一个打包文件夹，这样即使在没有安装 PowerPoint 的计算机上也可以放映演示文稿。

将幻灯片打包到文件夹的具体操作步骤如下。

步骤 1：单击"文件"选项卡→"导出"选项→"将演示文稿打包成 CD"选项→"打包成 CD"按钮，如图 9-72 所示。

步骤 2：在"打包成 CD"对话框中，单击"复制到文件夹"按钮，在其中设置文件保存位置和名称后，单击"确定"按钮，如图 9-73 所示。

步骤 3：打开提示框，提示是否一起打包链接文件，单击"是"按钮，系统开始自动打

项目9　演示文稿制作与放映

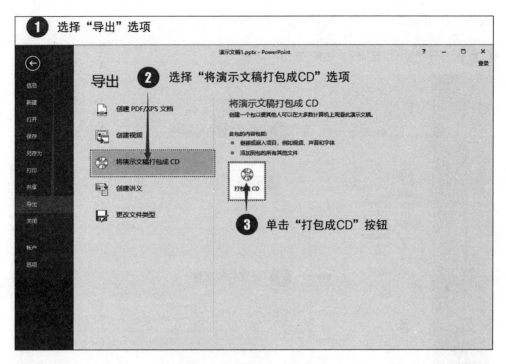

图9-72　打包幻灯片流程

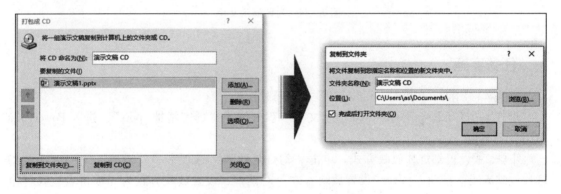

图9-73　"打包成CD"对话框

包演示文稿。

步骤4：完成后返回"打包成CD"对话框，单击"关闭"按钮。打包后系统会自动打开文件所在的文件夹，以便用户进行查看。

打包完成后，将整个文件夹复制到其他未安装PowerPoint软件的电脑中，双击其中的演示文稿文件，即可放映幻灯片。

4. 打印演示文稿

演示文稿制作完成后，可以打印出来，具体的操作步骤如下。

步骤1：打开"文件"选项卡，选择"打印"选项。

步骤2：通过"设置"组的下拉列表对打印幻灯片编号、每页打印幻灯片数量和颜色模式进行设置。

步骤3：单击"打印"按钮，如图9-74所示。

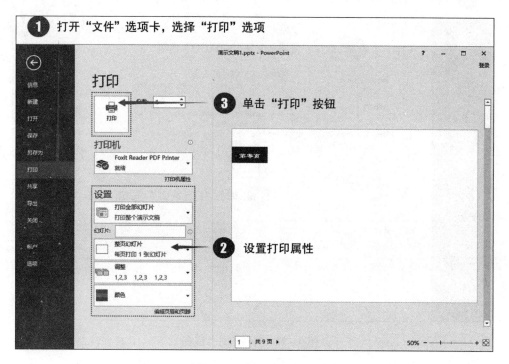

图9-74 打印演示文稿

任务实施

放映和输出演示文稿时，可以按照以下步骤进行。

步骤1：打开PowerPoint 2016演示文稿。双击打开"延安精神.pptx"，进入PowerPoint 2016工作界面。

步骤2：设置幻灯片放映方式。单击"幻灯片放映"选项卡→"设置"组→"设置幻灯片放映方式"按钮，打开"设置放映方式"对话框，设置放映方式为"演讲者放映（全屏幕）"方式，选中"循环放映，按Esc键终止"复选框，单击"确定"按钮。

步骤3：放映幻灯片。单击"幻灯片放映"选项卡→"开始放映幻灯片"组→"从头开始"按钮，或者按F5功能键，从第1张幻灯片开始进行完整放映，观看PPT的演示效果。

步骤4：导出幻灯片。单击"文件"选项卡→"导出"选项→"创建PDF/XPS文档"→"创建PDF"按钮，即可打开"发布为PDF或XPS"对话框，选择保存位置，文件名不变，单击"发布"按钮即可创建名为"延安精神.pdf"的文档。打开PDF文档，查看其内容和效果。

步骤5：打印幻灯片。单击"文件"选项卡→"打印"命令，在"设置"栏中设置每页打印幻灯片的数量为"6张水平放置的幻灯片"，完成后在右侧列表中浏览幻灯片打印效果。

知识扩展

活动1　将演示文稿输出为 PDF 文档

在 PowerPoint 2016 中可以将演示文稿转化为 PDF 文档，操作方法如下：单击"文件"选项卡→"导出"选项→"创建 PDF/XPS 文档"选项→"创建 PDF/XPS"按钮，如图 9–75 所示。在打开的"发布为 PDF 或 XPS"对话框中选择保存位置并输入文件名，最后单击"发布"按钮，即可转化为 PDF 格式。

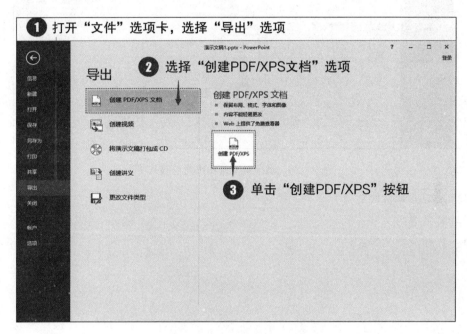

图 9–75　将演示文稿输出为 PDF 文档

活动2　将演示文稿输出为视频文件

在 PowerPoint 2016 中，可以将制作好的演示文稿另存为视频（.mp4）文件。具体如下：单击"文件"选项卡→"导出"选项→"创建视频"选项→"创建视频"按钮，如图 9–76 所示；在打开的"另存为"对话框中设置视频的保存位置和视频文件名称，单击"保存"按钮，即可开始制作视频。

演示文稿转化为视频所需的时间与演示文稿的复杂程度有关，在制作过程中，在状态栏中能够看到"正在制作视频"的提示信息，制作完成后，该提示信息自动消失。

任务扩展

任务描述：放映与输出"弘扬梁家河精神.pptx"演示文稿。

任务要求：

（1）设置排练计时，每张幻灯片时间约为 5 秒。

（2）设置放映方式为观众自行浏览，循环播放。

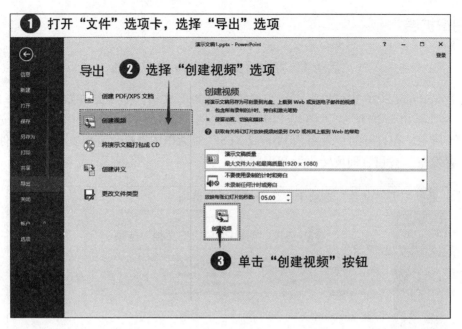

图 9-76　将演示文稿输出为视频文件

（3）从头开始放映幻灯片。
（4）打包演示文稿。
（5）保存演示文稿。